自然探秘系列

可怕的科学
HORRIBLE SCIENCE

勇敢者大冒险
INTREPID EXPLORERS

[英] 阿尼塔·加纳利 原著　[英] 迈克·菲利普斯 绘　王大锐 译

北京出版集团
北京少年儿童出版社

著作权合同登记号

图字:01-2005-4760

Text copyright © Anita Ganeri，2003

Illustrations copyright © Mike phillips 2003

©2010 中文版专有权属北京出版集团，未经书面许可，不得翻印或以任何形式和方法使用本书中的任何内容或图片。

图书在版编目(CIP)数据

勇敢者大冒险／（英）加纳利（Ganeri，A.）原著；（英）菲利普斯（Phillips，M.）绘；王大锐译．—2版．—北京：北京少年儿童出版社，2010.1
（可怕的科学·自然探秘系列）

ISBN 978-7-5301-2355-3

Ⅰ.①勇…　Ⅱ.①加…　②菲…　③王…　Ⅲ.①探险—世界—少年读物　Ⅳ.①N81-49

中国版本图书馆 CIP 数据核字（2009）第 181528 号

可怕的科学·自然探秘系列

勇敢者大冒险

YONGGAN ZHE DA MAOXIAN

〔英〕阿尼塔·加纳利　原著

〔英〕迈克·菲利普斯　绘

王大锐　译

*

北 京 出 版 集 团

北 京 少 年 儿 童 出 版 社　出版

（北京北三环中路6号）

邮政编码:100120

网　址：www．bph．com．cn

北 京 少 年 儿 童 出 版 社 发行

新 华 书 店 经 销

河北环京美印刷有限公司印刷

*

787 毫米×1092 毫米　16 开本　13 印张　60 千字

2010 年 1 月第 2 版　2023 年 1 月第 52 次印刷

ISBN 978－7－5301－2355－3/N·143

定价：25.00 元

如有印装质量问题，由本社负责调换

质量监督电话：010－58572171

目 录

迈尔斯

冒险开始

枯燥的课程会弄得你脖子发痛，尤其是在地理课上打瞌睡，你把脑袋耷拉着，并拧出一个可怕的角度。唉……瞧，你正端坐在课桌前，听老师那冗长而无聊的唠唠叨叨……

今天我们讲絮凝作用★，各位，有谁知道我讲的内容，请把手举起来。

★ 大概其地讲讲吧，"絮凝"是一个极其枯燥的专业技术名词，指的是风化成块的黏土。而地理老师却对这种土地崩解的乏味现象津津乐道。

这时，你正在甜甜地发出阵阵鼾声，啊哈，你正在做好梦呢！梦境中，你成了一位刚刚结束了危险旅途归来的举世闻名的探险家。你刚刚登上了一座地理学上鲜为人知的山峰。记者们正在热情地采访你。

我登上这座山峰以后，就给它命名为……

这主意不错！

1

噢，世界是属于你的了！没有什么你办不到的。名誉、财富……可是，正在你想入非非的时候，却被老师大声的斥责无情地拉回了现实——当然，你也是被脖子上的巨痛给弄醒了。

几个世纪以来，人们就在那些前人从未涉足过的寸草不生之地从事着各种探险活动。一些人为此着迷，并从此踏上不归之路。许多人为此命丧黄泉，无可挽回地失去了生命。为什么世界上会有人热衷于此？实际的情况是，他们中绝大多数都是奔着钱去的。他们企图闯开通商之路并弄到大批的钱财。还有一些人则是为了寻找新的生存之地，或者为了传播他们的宗教信仰。他们中间也不乏出色的地理学家与科学家。他们唯一的目的就是周游世界并填补地图上的空白。

当然，成为一名探险家，是需要极大勇气的，可是，如果你没有足够勇气的话，也不必太过沮丧。这里有一个绝对令你兴奋的好消息——你完全可以足不出户，就可追随一些著名的探险大师的足迹。好吧，何不舒舒坦坦地蜷在沙发上，来份快餐，再开一听罐头，准备开始这段本该付出毕生精力的旅程呢！在这本书中，你将……

▶ 就犹如在地球上最凶猛的、充满惊涛骇浪的大海中航行，并且经历死亡。

▶ 勇敢而盲目地向充满死亡的南北极进发。

▶ 在波涛翻滚的大河上冒险，就像一位狂热的淘金者。

▶ 结识一位实际上并不喜欢旅行，也并不太勇敢的探险家。

这是一种前所未有的探险体验。充满了刺激！但有言在先，本书中所讲述的一些旅行者可是随时会面临疾病、灾难和死亡的啊。而且实话告诉你，这里所讲的全都是真人真事。你挺走运的，探险家迈尔斯将与你同行。还犹豫什么？祝你好运！旅途愉快！

这条路对吗？

迈尔斯

天啊，我们又迷路了！

无畏的古代探险家

那是很久很久以前的事了，大约在你们地理老师出生的350万年前吧，那时，我们像猿一样的祖先刚刚从树上下地并开始直立行走。也就是说，他们学会了用双腿站立起来。哈哈！咱们遇到了最早的探险家了……

早期的人类对这个巨大而辽阔的世界充满了好奇心，就像一群小孩子闯进了一家糖果店。但他们还得不断地迁徙，以求生存。他们长途跋涉去猎获食物，寻找能遮风蔽雨的栖息地。他们能清楚地看到那覆盖在地球表面的巨大冰川，当然，他们并没有意识到自己实际上正在探险。那时候，他们不知道自己将走向何方？所到之处都是他们以前从未见到过的地方。而且，手头儿也没有可供使用的地图作参考。他们只是凭感觉在行走着。

但事实上，真正的探险故事发生在人类开始定居生活的几千年前。可能总待在一个地方会让人感到乏味吧，他们离开定居地去寻找新的居住地点和可供交换的商品。

一些英勇的地理学家是走运的，他们留下了自己的旅行记录，所以我们能够大概了解他们的所到之处。来吧，想象着来一次超时空的旅行，直奔古埃及！

勇敢的埃及人

大约公元前3500年，聪明睿智的古埃及人就建造了最古老的航海船。那是用一种叫纸莎草的植物造成的，这种船随着风的吹动而漂流（没有风时就用桨划动）。在尼罗河上曾经大量使用过。后来，埃及人建造了更大的木质船，去探索辽阔的未知世界。

目的地：蓬特

历史上，蓬特这个地方是传说中的众神之地，也是埃及人格外向往的黄金之城。不过，千万别误会，这并不是说那里的大街小巷是用黄金铺成的。而是说，蓬特到处都是珍贵的乌檀木（一种黑色的木头）、象牙、狒狒、豹子、没药（一种草药）和蓝丹油（在埃及的神庙中飘荡着这种香味）。毫无疑问，勇敢的埃及探险家们都急切地要赶往那里，即使花费一年时间，只要能冒险越过鲨鱼出没的水域也在所不惜。

公元前1492年，埃及的统治者哈特谢普苏特女王有一天突发奇想：她想拥有一座只属于自己的豪华陵墓，而且要大肆装潢。何不使用蓬特的财宝呢？当然，这位女王并不能自己前往。她正为统治埃及而忙得不可开交。她派出5条大船和250名水手去寻找那神话传说中的仙境。但是，要精确地定位蓬特这个地方却不是件容易的事。你看，上一次航海到那里已是500年前的事啦，它精

7

确的地理位置早已被人们忘却了，所以，这批水手经过两年痛苦不堪的航行才最终又发现了那里。真走运，这批水手从蓬特运回了几船无价之宝，这位女王的目光简直比蓬特的珠宝还要耀眼。噢，对不起，她都乐晕了！实际上，她太高兴了，以至于在自己陵墓的墙壁上，描绘了这次史诗般的航海场面。

蓬特

购物者的天堂！来吧！蓬特充满了诱惑！

这里拥有世界上最好的黄金、白银和象牙

想寻找独一无二的礼品吗？

特别征集豹子和美洲狮皮

消费者说："你在任何地方都找不到这种乌檀木啦！" "你千万别击中他们的狒狒！"

最后存货欲购从速

有史以来，没有哪一位君主比我更加富有了！

埃及旅行者在公元前2000年使用的船只

注意：很不幸，我们无法给您展示一幅地图，因为没有一个人真正知道蓬特究竟在何处。它可能在阿拉伯，或者在埃塞俄比亚。也可能，它根本就不存在，可惜！

她不会再来一次购物旅行吧！

放眼全球的希腊人

古希腊人是真正聪明智慧的。他们总是在幻想着用一些杰出的新理论来解释地球是如何旋转的。比如：

▶ 他们猜想地球拥有自己的转轴并且围绕着太阳旋转。（但这一观点直到17世纪才被人们广泛接受。）

▶ 他们在所有的人都认为地球是平面的时候就指出地球是圆形的了。（啊哈！人们真的认为，如果你在一条道上走得太远，那就会从边缘上栽下去的。）

▶ 他们在几百千米范围内就推算出地球的体积。（比别人的计算早了很多年。）

厉害吧，嗯？当然，古希腊人还有许许多多关于地理学方面的非常奇怪的想法。比如，他们霸气十足地绕着地中海航行，对

9

其他国家发动战争，去他国开拓、探索。他们知道"伟大的西方海洋"（对于你我来说，就是大西洋）就在地中海之西。但他们能乘船进入那"西方海洋"吗？不可能，他们胆怯了。那里太辽阔，巨浪滔天，他们说，大海里充满了可怕的海怪，它们会把水手们捉去当午餐的。可怕！

历史回放

　　进入西方海洋的方式是穿过一条狭窄的水道，那是夹在两座古堡般的岩壁之间的小道。但情况并不总是那样的。根据传说，伟大的希腊英雄赫拉克勒斯不得不依靠众神去完成一系列超人的使命。

　　利用自己超凡的能力，他发现自己走出了被巨大石块封锁了的地中海的通道。赫拉克勒斯并没有就此罢手。他用自己没有戴任何护具的双手劈开岩壁，开出了一条通道。然后又用放倒了的岩石柱子指示通往地中海的方向。古希腊人把这些岩石柱子以他们英雄的名字命名为"赫拉克勒斯的柱子"。（我们现在称这一通道为"直布罗陀海峡"。）

世界需要一位能够沿着赫拉克勒斯足迹前进的无畏探险家。一些人并不畏惧这些海峡中的惊涛骇浪并闯入那未知的天地。很幸运，古希腊人正是这样的勇者。你准备好去见识他们了吗？

冒险家的辛酸往事

德裴斯生于法国的马赛利亚（现在，马赛利亚称为"马赛"，曾经是古希腊的一部分）。马赛利亚曾经是一个繁忙的海港，可能德裴斯正是看到了那些来往的船只才萌发了去旅行的念头。无人知晓德裴斯的生活和他的家庭情况，以及他的生卒时间。但是我们知道他是一位地理学与天文学方面的天才，所以他肯定是上过学的。

大约在公元前330年，德裴斯完成了一次远航，当时他已经到达了已知的地球上的最远端。至少，他是那么认为的，他坚持那里是地球的边缘。下面就是根据他自己的口述绘出的航线图：

德裴斯的航线图

冰岛

挪威

5. 从冰岛向南返航，他再次回到了爱尔兰海。该返航啦，多么美丽的故乡啊……

4. 从苏格兰出发以后，德裴斯继续向北航行，向着一个被他称为"图勒"的地方赶去。（地理学家们认为，这个神秘的岛屿就是冰岛。）

1. 德裴斯带着两三条船离开了马赛利亚，开始他将付出毕生精力的远航。

爱尔兰海

3. 然后，他向北进发，沿着欧洲大陆的西海岸航行，一直抵达大不列颠。然后就一直绕着那里转。

欧洲

马赛利亚

2. 他穿过夹在大石壁之间的海峡，进入了辽阔的西部大洋。

非洲

北 西 东 南

直布罗陀海峡（大岩壁）

是传说还是真实的故事

即使德裴斯是第一位到遥远的北方探险的古希腊人，当他最终回到家乡时，也没有受到英雄归来般的欢迎。他人财两空。为什么呢？没有人相信德裴斯的话。人们认为他在瞎编故事，指责他在撒弥天大谎。下面就是一些对他的指责（当时他已经笑不出来了）。

任何人想要对那些已经了解了的地方吹大牛、撒大谎是不可能的。所以，他只好讲那些人们还不知道的地方。

在这个世界上，可怜的德裴斯怎样才能让人们相信他讲的是事实呢？他决定写下自己的所见所闻，他给自己的这本书起名为《海洋的描述》。但他没有完成这项任务。真悲惨，也没有任何书稿现存于世，但是，另一位希腊人波利比奥斯曾经有幸读过那些书稿，他认为：

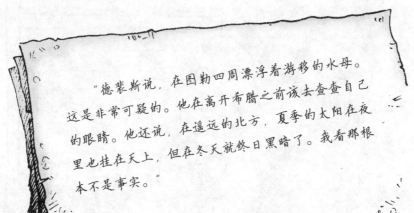

"德裴斯说，在图勒四周漂浮着游移的水母。这是非常可疑的。他在离开希腊之前该去查查自己的眼睛。他还说，在遥远的北方，夏季的太阳在夜里也挂在天上，但在冬天就终日黑暗了。我看那根本不是事实。"

　　显然，波利比奥斯认为德裴斯是一个古怪的人，而且他并不相信德裴斯所写的东西。但令人难以置信的是：德裴斯所讲的全是事实。

地理学家们现在知道德裴斯当时所描述的是对的。虽然，他可能并没有看到任何真正的所谓水母，因为在冬天，冰岛（图勒岛）四周布满了清晰的、圆薄饼似的冰块，从远处望去，就像浮在水面的水母。对于太阳的描述，他也是对的。德裴斯所描述的是午夜的太阳。在遥远的北方，夏季里昼夜都能见到太阳，而在冬季，则整天都是黑暗、看不见阳光的，实情的确如此。一年中，地球绕着太阳旋转，地球自转时，转轴也会以一个角度倾斜，这就意味着地球的最北方在冬季会偏离太阳，而在夏季又会朝向太阳。明白了吗？

当然，所有这些证实，对于可怜的德裴斯来讲真是太晚了。他花费了毕生的精力试图向世人证明自己是对的。所幸的是，接下来要讲到的无畏的探险家们再也没有遇到过这类特别的麻烦。不，他们所面临的是更加艰难的探险之旅……

长途跋涉的僧人们

几千年以前，欧洲与亚洲之间是由一些古代的道路连接起来的。商人们穿行在这些道路上，购买并销售一些昂贵的商品，最著名的就是被称为古老的"丝绸之路"的那条道路。实际上，它是数条穿越亚洲和中东并最终抵达欧洲道路的统称。正是通过这条路，珍贵的丝绸从中国运到了欧洲。

老师的难题

你的老师是一个年迈而举止优雅的人吗？或者，她是一个总爱丢三落四的人？举手示意，脸上挂着微笑，问问她这个无伤大雅的问题：

请问，小姐，这些丝是从哪儿来的？

a）在丝树上长出来的。

b）从能吐丝的虫子嘴里吐出来的。

c）在造丝工厂里造出来的。

答案

b）丝是从蚕蛾的茧子上抽下来的。当能吐丝的蚕变成成虫的蛹之前，会结成茧把自己包裹起来。很早以前，丝绸是最时髦的东西。沿着"丝绸之路"从中国运去的这些闪闪发光的货物无法满足富有的古罗马人的需求。但他们想象不出这种丝是如何造出来的。精明的中国人在数千年中一直视这种丝绸的生产方法为绝密。在漫长的岁月中，丝绸一直是最走红的商品；而且，中国并不愿与任何人分享这巨大的商业利益。这条"丝绸之路"并不仅仅是用来进行丝绸交易的，它也是无畏的探险家们眼中一条更多了解外部世界的金光大道。可你的老师并不知道这些秘密。

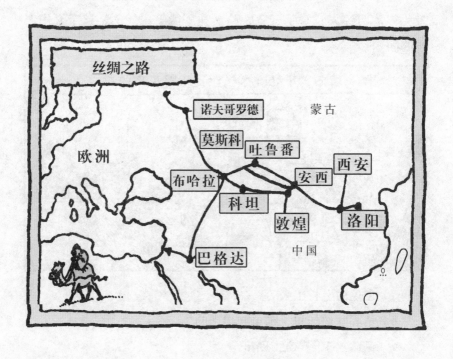

漫长而充满危险的道路

"丝绸之路"并不像人们今天所看到的那样美好。实际上，这条布满艰辛的道路穿过莽莽的大山，寸草不生的戈壁荒滩和湍急的河谷。更可怕的是，这条古道上常有嗜血成性的土匪强盗出没，他们根本不管商人们的死活和受伤与否，疯狂地抢劫钱财。

那么，为什么世上会有一位中国的举止温文尔雅的僧人决定踏上这条危机重重的道路呢？你将会发现……

冒险家的辛酸往事

唐僧
（602—664）
国籍：中国

大家公认，唐僧是中国最伟大的探险家之一。他还在读书的时候，所有的老师都认定他具有远足的潜质，虽然他的几次出行都没有印度那么遥远。公元629年，他前往印度，这完全是他哥哥怵惠的结果。但是，唐僧却敏锐地意识到自己对佛教的忠诚（佛教于公元前6世纪起源于印度）。他要把一些神圣的书籍带回中国并把它们从梵文（一种古印度语言）翻译成中文。他没有想到的是，此行竟整整花费了他15年的光阴……

历史回放

　　唐僧追随的是另一位长途跋涉的僧人法显（370—? ）的足迹。此人于公元399年动身去印度。回到中国以后，他写下了一本动人的著作，讲述了自己的旅行历程。一开始，他并不愿意写此书。他怕自己成为一个不好的例子。他说：

> 如果我告诉人们自己所有的经历，那么，一些思想活跃的人就可能会试着去进行同样的冒险，他们的人身安全是无法保障的。他们也会拿我平安回家来说事。那些愚蠢的人在那些无法探索的土地上将会受到伤害。而且，在上万个人中间只有一个人才可能有望生还。

即使有这些警告的字眼，依然拦不住坚定的唐僧。

很快，麻烦就来啦。首先，唐僧不得不偷偷溜出中国，因为他并没有获得皇帝的出境许可（当时，你必须得到皇帝对某事的许可才能去做）。然后，他沿着古丝绸之路向西而行。很不幸，他雇的向导领着他穿越了恐怖的大戈壁，这可把他整惨了。茫茫大沙漠，除了沙子还是沙子，唐僧很快就迷了路。

唐僧唯一能做的就是放慢脚步，指望他的那匹老马啦。接下来的事情更糟了。唐僧弄丢了自己的水袋，他几乎快渴死了。但就在唐僧陷入绝境之际，幸运降临了。一位当地的首领同情他，给这位倒霉的僧人重新指派了一位向导，还给了他们不少路上用的东西。

最终，唐僧到达了印度，他在那里住了13年。与在此之前的法显一样。他拜访了佛教寺庙的住持和一些圣地，学习了梵语和佛教哲学（我曾告诉过你，唐僧是个聪明的人），收集到大量的著作并带回中国。公元643年，唐僧起程北上，开始了他漫长的回乡之旅。但是，如果他认为与他来时相比，回家之旅可能是一次轻松的旅行的话，那可就大错特错啦！如果他能留下一本秘密日记的话，那可能是这样写的：

19

我的秘密日记

作者：唐僧

（不能给皇上看）

公元643年某月某日

好险啊！我平安到达了印度河——目前尚好。但一场暴雨突降，几乎掀翻了我们的小船。我收集到的50本最好的书和珍贵的种子全部被掀到了河里，再也看不到了。

更倒霉的事来了。我得到了一头令人讨厌的大象，可以骑着它穿越大山。显然，这是一个极大的荣誉，但是我可不这么认为。它长得丑极了，眼中冒着凶光。而且，它一直在不停地吃东西。我只期望它能被淹死，以求换回我那些可爱的书籍。

公元643年后期

我真的没有想到，真的，是那头大象。我能否把它带回中国？猜猜看？它跑掉并被淹死了。那全是我的错啊。几天前，我被一些土匪打劫了。那是一顿什么样的午饭呀！他们并不在乎我们身上的钱财，他们要把我扔到河里去，当做给神仙们的贡品。我想我是死定了，真的没救啦。然而，紧接着，我就听到自己身后一声巨响。那头大象惊慌失措地跳入了大河。噢，我的天啊，我的出路何在？

20

返乡之旅

无畏的唐僧最终在公元645年回到中国。他的旅程超过1.2万千米——一双令人惊骇的脚板，噢，对不起，在当时，是了不起的壮举。他带回了数百本佛教的圣书（他也丢失了一些书籍）和纪念品。

实际上，他的行李整整用了20匹马才驮回来。皇帝给了唐僧以英雄般的欢迎（皇帝已经原谅了他偷偷溜出国门的行为），并命令他写出一份关于那神奇之旅的官方文件。唐僧已没有足够的时间译完他所带回的所有书籍了。

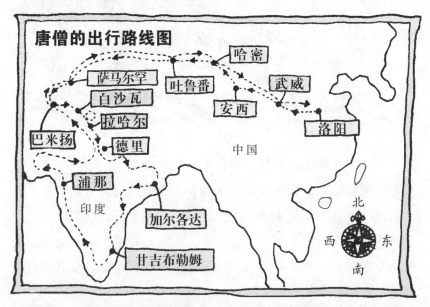

唐僧的出行路线图

哈密　吐鲁番　萨马尔罕　白沙瓦　武威　安西　拉哈尔　巴米扬　德里　洛阳　中国　浦那　印度　加尔各达　甘吉布勒姆　北　西　东　南

我们下一个勇敢的冒险家并不是要成为一位无畏的探险家。那全都是他心爱的老爸的主意。但是，与辛苦的唐僧相似，他也非常了解那条古老的"丝绸之路"。

21

有胆量的马可·波罗

1271年，年轻的马可·波罗出发，去完成一个要花费终生精力的远行。就像是进行了一次学习，幸运的马可·波罗到达了非常遥远的中国，并返回了家乡。够酷吧？

冒险家的辛酸往事

马可·波罗
（1254—1324）
国籍：意大利

马可·波罗的爸爸是一位富甲天下的商人。在马可·波罗童年时，他就抛下他和他的妈妈远航去了土耳其的君士坦丁堡（现在的伊斯坦布尔）。马可·波罗整整9年没有见过自己的父亲了。大概所有的零花钱都用光了。当时，马可·波罗的家乡威尼斯是一座非常富有且繁忙的港口。马可几乎每天都在观察进出港的船只，希望能见到那远航的父亲……

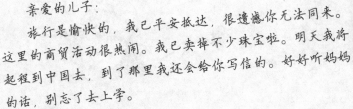

1261年，君士坦丁堡，土耳其

　　亲爱的儿子：
　　旅行是愉快的，我已平安抵达，很遗憾你无法同来。这里的商贸活动很热闹。我已卖掉不少珠宝啦。明天我将起程到中国去，到了那里我还会给你写信的。好好听妈妈的话，别忘了去上学。
　　很快就能见到你啦！

爱你的爸爸

又及：我一回家就给你零花钱。

马可16岁时他的妈妈去世了，爸爸也回到了家中。可父亲也没在家待多久，不久又出发旅行去了，在这段时间里，他教会了年轻的马可骑马。

一次可怕的旅行

在中国，马可的父亲与那位元朝的皇帝忽必烈成了朋友。忽必烈请他尽快回来并带回一些礼物。他要的可不是圣诞老爷爷送给你的长袜或泡泡澡肥皂那样的圣诞节小礼品。噢，不，这位工于心计的忽必烈要100位基督教的牧师去完成一项神秘的使命，并且还要一些在耶路撒冷燃烧过的圣蜡烛的油脂。

走运的是，马可家有一些身为高官的朋友。1271年，他们到了耶路撒冷，取到了一些油脂，教皇也给他们委派了几位牧师。哇！只有两位牧师，可不是忽必烈希望的100位，而且，这两位牧师也很快就溜走了。但是，此刻向中国进发却成了最迫切的事情。马

可的计划是沿着"丝绸之路"前进，那将是最长的一段路程，可以穿过中亚并进入远东。此前没人这么干过，那是要冒极大风险的。

这次旅行令人惊心动魄。一开始，马可就病倒了。在床上躺了一年。接着，他康复以后不久就爬上了陡峭的帕米尔高原。但更糟糕的事情发生了。那里对于独行的旅行者来说，真是太冒险了，所以他们搭上了一个过路商队的大篷车，以穿越人迹罕至的大戈壁。我敢肯定，今天你一定不愿意乘这种大篷车去度假的。这种大篷车队由数百匹骆驼和毛驴组成，驮着像

23

丝绸一样的货物。据说，大戈壁经常有魔鬼出没，到了夜晚，他们听到了魔鬼一样的叫声，那是一种像击鼓一样的声音。天啊，那会是什么？

一位可怕的地理学家会说："魔鬼？啥！纯属瞎掰！他们听到的那声音是沙漠中的石头在白天受热膨胀以后夜间收缩时所发出的。然后，不断出现……啊哈哈，什么大不了的，我在这儿等着瞧呢！"

中国，终于到了！

终于，那是在1275年，勇敢的马可父子到达了中国。他们受到了忽必烈皇帝的热烈欢迎（虽然他因为马可没有带着牧师来到中国感到有点儿沮丧）。他们的旅行花了三年半的时间，行程达6000千米。马可后悔此行吗？一点儿也不！他认为中国非常美好而且他似乎无暇去思乡。他住在忽必烈的行宫中还学习当地的方言。忽必烈非常喜欢马可·波罗，并交给他一个任务——让他去好好了解一下中国并把自己的所见所闻带回欧洲去。对于马可来说，这可是太棒了！在接下来的17年中，马可的父亲忙于打理自己的生意，而他却旅行了数千千米，见识了无数神奇而美好的事情。他最喜欢的地方是位于中国东部素有"天堂"之称的城市——扬州。马可笔下的这座城市十分富有而繁华，城市中的桥梁和运河纵横交错。此外，那里也非常适合聚会，城中的湖中央有两个岛屿。我想，即使是天堂也不过如此吧？

返回威尼斯

　　天下没有不散的宴席，1292年，马可父子踏上了回家之旅。此时，他选择了一条路途较短的路线——从海上绕过印度，而不是从陆路走。他们于1月间起程，乘的是中国的一种平底帆船，船队共14只船，有600个船舱。与他们同行的还有一位公主，她要远嫁波斯，忽必烈要求马可·波罗护送她前去。但这次航行变得越来越糟。一些船触礁沉没了。许多船员也患病死去了。马可幸运地躲过了一场又一场的灾难。当他于1295年最终到达威尼斯时，许多朋友和亲戚大吃一惊，他们以为马可早已死掉啦。所以，你可以想象，这只船队到达时所引起的轰动——特别是当马可揭开自己身上那看上去有些古怪的中式服装，展示身上披挂的珠宝首饰时。

马可的记忆

马可·波罗可不是那种能待得住的人。1298年，他投身于威尼斯和热那亚人★的战斗中，但结果他被捕入狱了。马可再次交了好运，他的狱友中有一位名叫罗斯迪荷罗的作家。在狱中，他向这位作家讲述了自己传奇的经历，罗斯迪荷罗将其记录并编成了一本书。

★ 威尼斯和热那亚两座城市陷入了战争，都是为了争夺这条最好的经商通道的控制权。

这本书的名字叫《寰宇记》。此书广为流传，很快就成为畅销书。许多读者并不能完全相信马可那富有传奇色彩的冒险经历，所以，对于他们来说，那简直是一个极大的诱惑。他的经历是如此的神奇，以致人们认为它们是编造出来的。实际上，罗斯迪荷罗擅长写爱情之类的言情小说，他认为马可·波罗的这本书过于写实了，为了取悦读者，他就把书中的情节大大地夸张了。比如，马可是这样叙述的……

"今天，我们爬上了一座白雪覆盖的山峰。我们呼吸困难，我起了水疱。

而到了作家笔下，就变成了如此多愁善感的情节，比如……

在这个美好的早晨，我们穿过一座令人称奇的山峰，山上覆盖着积雪，它就像一群在月光下翩翩起舞的白色精灵。我的心随着这美景在歌唱，我的脚随着这美妙的时刻在舞动……

明白是怎么回事了吗？

关于马可的超级旅行的小测验

所有这些美景都装在马可的脑子里了吗？或者说，马可所讲的都是真话吗？下面是他讲述的在旅途中见到的5个奇怪的现象。请你快速判断一下，看看它们是骗人的谎言还是绝对的真实。

1. 有一种黑色的石头可以像木头一样燃烧。

真 / 假？

2. 人们拖着长而厚重的尾巴，还长着狗的脑袋。

真 / 假？

3. 有一种白色布料是阻燃的，你无法把它点燃。

真 / 假？

4. 有一种干果和你脑袋一般大小，还长着毛发呢。

真 / 假？

5. 有一种和大象一般大小的鸟儿。

真 / 假？

27

答案

1. 真的。可以燃烧的石头是煤炭，它可用作燃料去加热洗澡水。在中国，马可注意到，人们十分喜欢泡澡。是的，我知道，那是令人难以置信的。

2. 假的。这是早期的欧洲探险家们最常说的谎话。在马可·波罗的书中还有一幅插图：一个一条腿的巨人正高高抬起自己的腿，把一只脚丫子当做巨大的遮阳伞。真是不可信！

3. 真的。这种白色的布叫石棉。它产自岩石中，用它制成的纤维可用来织布和编绳索。建筑物中用了它可以防火，可如果你一旦吸入了它的粉尘，那可就太危险啦！

4. 真的。这种巨大的"干果"就是马可·波罗在东南亚看到的椰子。他记载说，这种干果刚成熟时果实十分鲜美，而其中奶汁似的果汁尝起来和葡萄酒的味道有几分相像。

5. 真的。马可见到的是一种巨大的象鸟。它生活在马达加斯加岛上，站起来足有1米高。马可说，这种鸟趴在地上像老鹰，吃起东西像大象。值得庆幸的是，这种象鸟是不会飞的。事实上，你仅仅能从我的介绍中了解一些情况，因为这些巨型的象鸟已在大约300年前灭绝了。

只讲了一半的故事

马可的读者们不相信他的描述，实在也无可厚非。因为对他们来说，实在是闻所未闻。他们中的绝大多数人以前从未离开过意大利，对外面的世界一无所知，可却从来没有停止过对马可的指责。甚至当马可过世以后，还有一些人指责他是在撒谎。马可认为，他仅仅向人们讲述了他所经历的一半内容。如果他能把另一半也都公之于世，那就更没人信他的话啦。然而，可喜的是，马可·波罗勇敢的旅行生活为欧洲人展现了一个新的世界，许多著名的探险家沿着他走过的路踏上了新的征程。各位，出发啦！海上有新的收获在等着咱们呢……

痛苦的航海家

几个世纪以来，海上的探险家们出海远航，去寻找名誉、财富和机遇。他们中间有许多商人为的是寻找更短的航线以扩大越洋的贸易。还有一些人则是为了发现可以生存的新大陆，并为自己的国家拓展新的领地。这种航行并不轻松。如果你认为海浪上的生活就像度长假的话，那么就请你再好好读下去，看看我们无畏的航海家们所遭受的非人经历……

大海凶猛而辽阔。它们覆盖着地球大约三分之二的表面积，在大海里迷失方向可真是太可怕啦！过去航海家们并没有什么地图或航海图用来导航，这使得他们常常陷入极大的危险。水手们只能依靠太阳和星星去寻找从A处到B处的航海线路。那遇到阴天可咋办？没辙，只有等着迷路啦！

历史回放

古代勇敢的腓尼基人是超级航海家，他们在大约2000多年前就对地中海进行了考察。他们大多数是奔钱去的，主要从事木材、锡和从贝类中提炼珍贵颜料的贸易。我敢打赌，你肯定知道！大约在公元前500年时，一位名叫汉诺的腓尼基人沿着西非海岸航行，他希望能找到新的陆地。可沿途他却见到了许多稀奇古怪的东西，有鳄鱼、河马和一些个头儿很小、身披长毛的"人类"。被迷惑住的汉诺大概不知道，他们遇到的可能是猩猩。

它看上去像你的兄弟

还往前航行吗？你那是什么意思？你感到有点晕船吗？接着走吧，顺水而下……你会找到一群友好的同伴，你将遇到最著名的航海家，可没空儿去抱怨晕船的事，他遇到的麻烦可够多的啦！

辨不清方向的哥伦布

1492年，克里斯托弗·哥伦布开始了他轰动世界的航程。这一次，他在完全无意间发现了一块全新的大陆。他自己事先根本没有料到。据哥伦布讲，当时他本打算要去另外一个地方的。下面就是他所经历的故事……

冒险家的辛酸往事

克里斯托弗·哥伦布
（1451—1506）
国籍：意大利

哥伦布生于意大利的热那亚。他的父亲是位织毛活的工匠。所以，他从小就对羊毛很熟悉。但据我们所知，早在少年时代，哥伦布就对世界充满了好奇心。他把空闲时间几乎全都用在阅读马可·波罗的书了，他连做梦都想追随这位自己心目中的英雄去周游世界。这可把他可怜的妈妈给气坏啦。

哥伦布长到25岁时，到葡萄牙当了一名海图绘图员（海图就是航行在大海上使用的地图）。但他的心思从来没有用在工作上，不久他就辞职不干了。在当时，葡萄牙可算是探险家的发祥地。葡萄牙的船只航行得很远，从神秘的印度（我们现在知道，确切地讲应该是亚洲）运回了数不清的财宝。哥伦布非常喜欢听那些爱吹牛的水手们夸大其词的故事，比如某个人爬上了被黄金沙覆盖着的小岛，即使是一派胡言，他也听得津津乐道。

马可·波罗
我的英雄

历史回放

　　感谢航海家亨利王子（1394—1460），是他在葡萄牙掀起了一股探险的狂潮。虽然亨利王子被冠以航海家的头衔，他却从来没有出过海。他制订了大胆的探险计划，把勇士们送上征途，包括非洲。他还专门成立了一所学校，在那里培训葡萄牙的航海精英。显然，亨利王子的运道不错。好一颗幸运之星！

　　后来，有一天，哥伦布想出了一个绝妙的主意。正是这个主意动摇了人们对地球形状的固有认识。他想，与其向东航行到印度去，为什么不往西呢？对你来说，这可能并不那么刺激，但在当时可是个惊天动地的举措呢。在此之前，没有人能航行穿越大西洋。也没人知道能否越过。人们把大西洋称为"黑暗的绿色海洋"，而且都尽量绕开它。

穿越大西洋

首先，哥伦布必须纠集一些死心塌地跟随自己去航海的人。这事说得轻巧做起来难啊。人们大都对他的计划嗤之以鼻。在自己的国家里碰了一鼻子灰，于是，哥伦布转而去了西班牙，那里富有的国王与皇后欣然同意资助他的航海计划。

1492年8月3日，哥伦布终于率领着由3只船组成的船队从西班牙出发开始远航，同行的有90名水手，他们向西进入未知的水域。一开始，还算天遂人愿，天气晴好，风平浪静。但是，在海上航行了几周之后，还是不见一点儿陆地的影子。情况变糟了，非常糟糕。水手们强烈要求哥伦布在一切还没有变得不可收拾之前赶紧返航。他们扬言，如果不返航，就把哥伦布扔到海里去（以前他们可从来没有放过这种狠话）。但哥伦布并不同意返航，开弓没有回头箭了。

为了给水手们提神，哥伦布坚持写航海日志（那是关于船只航行的记录，可不是什么只言片语），他把航海日志读给水手们听。下面就是有关的内容……

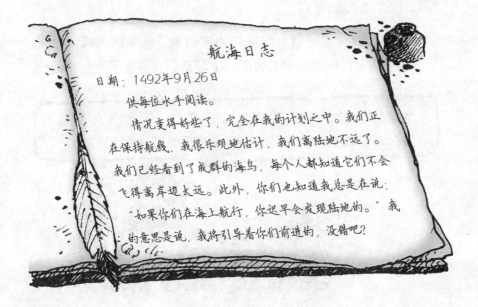

航海日志

日期：1492年9月26日

供每位水手阅读。

情况变得好些了，完全在我的计划之中。我们正在保持航线，我很乐观地估计，我们离陆地不远了。

我们已经看到了成群的海鸟，每个人都知道它们不会飞得离岸边太远。此外，你们也知道我总是在说："如果你们在海上航行，你迟早会发现陆地的。"我的意思是说，我将引导着你们前进的，没错吧？

可不幸的是，哥伦布还另有一份绝密航海日志，其中记录了许多可怕的现实……

> 我的绝密（但都是真实的）日志
>
> 日期：1492年9月26日
>
> 任何人没有阅读过此日志。救命！事情变得太糟糕了：我一点儿也不知道自己现在何处，这还不是最浓的雾。我对水手们所说的海岛是为了转移他们的注意力。我不知道繁华的印度究竟在哪里？根据我的计算，我们早该在几天前到达啦。当然，我不能对他们说实话的。否则他们会疯掉的。他们甚至可能会杀了我的，那我可就再也回不了家了。

是印度，还是别处

10月12日清晨，前方隐隐约约地出现了陆地的轮廓。老天爷，终于到了！经过33天艰苦的海上颠簸，这些水手无法相信自

地理学家们把这座岛屿称为巴哈马，它位于加勒比海，在北美和南美大陆沿岸，离亚洲可远着呢！

已能如此幸运。哥伦布把这个岛屿命名为萨尔瓦多并将其归属为西班牙（这也正是这些探险家这些日子忙乎的目的）。

这么说来，哥伦布并没有到达印度，甚至根本没有接近那里。是什么干扰了他？没什么。他坚持认为自己到了亚洲并且并不在乎别人说什么。他甚至让他手下那些困惑的水手们去按照自己的说法把故事编下去。他给水手们下了个口令。啊哈！

在接下来的几个月中，哥伦布一直绕着这座小岛巡航。多美的一处度假之地啊！可到了圣诞节，灾难降临了。哥伦布所乘的"圣·玛丽"号在被他命名的伊斯帕尼奥拉岛附近触礁。（哥伦布曾私下里希望那就是日本。今天，该岛分属海地与多米尼加共和国。）很走运，当地的原住民十分友好并帮助水手们登陆。工于心计的哥伦布用船上的木料建造了一个坚固的要塞，并留下39名水手继续寻找黄金。随后，他率领着其他人乘那两条还能航行

哥伦布还没返航前，他给西班牙国王和皇后写了封信，告诉他们自己是多么的优秀。他可真是个自我吹嘘的好手。然后他把信放到一只木桶里甩入大海。我估计是有人在开玩笑吧！

的大船返回了西班牙。

1493年，哥伦布回到了西班牙，受到了英雄般的欢迎。国王与皇后非常赏识他，尤其是看到他带回了成批的财宝。他们给哥伦布封了一系列头衔，比如"海军上将"。毫无疑问，哥伦布无愧于此称号，他用自己的双腿丈量了世界。

老师的难题

哥伦布是一位杰出的水手，但即使是非常优秀的水手也可能会出错的。你的地理老师能否指出哥伦布的大错误？

a）哥伦布认为地球要比它实际的大一些。

b）哥伦布认为地球要比它实际的小一些。

c）哥伦布并没有指望在欧洲和亚洲之间发现任何大陆。

你亲爱的老师被难住了吧！为什么不帮帮他，告诉他实情呢？他一定会为你渊博的知识使劲儿拍巴掌的，说不定还会免去你一周的地理课的。

b）和c）。哥伦布犯了两个错误，但谁能将它们更正呢？

b）哥伦布认为地球又大又圆，但他并不能确切地知道它到底有多大。地球真正的体积，无人知晓。他试图计算出地球的体积，但他的数学实在太差，把地球的直径算得太小了。这就是为什么海员们在航海中总是弄不清航线长度的原因。

c）在哥伦布看来，地球表面的一半是陆地，另一半是海水。海洋直接从欧洲的西部一直逼到亚洲东部。两者之间不存在任何陆地。那是因为当时没人知道美洲的存在。这就是人们称那里为"新大陆"的原因，它的确是够新的。怪不得哥伦布被弄糊涂了。

并不愉快的结局

哥伦布进行了3次以上的航海旅行并探索了许多岛屿。但他却没有赢得什么好名声，哥伦布发现事情变得一发而不可收拾。一名西班牙法官起诉他在新大陆上的恶劣行为并把他押送回家。哥伦布死于1506年，死得无声无息。相对于他完成的航行壮举，他从来没有感受到人们给予他应有的尊重。他是第一个在大西洋中航海的欧洲人。他发现了新大陆，但他却从来没有征服过那里。

历史回放

哥伦布并没有用自己的名字为自己所发现的新大陆命名。这个殊荣最终落到了一位卖咸鱼的人——阿莫瑞格·威斯普斯（1454—1512）身上。他可捡了个大便宜。1507年，一位德国地理学家在把他的名字写到地图上时犯了个错误。把"Amerigo"写成了"America"，他一直没来得及更正，美洲由此而得名了。

哦，你有一块橡皮吗？

一部奇怪的传记

如果你问老师是哪位欧洲人"发现"的美洲，99.9%的人认为当然是哥伦布啦。果真是他吗？一些地理学家认为是8—10世纪北欧海盗们早于哥伦布数年发现的美洲。有人考证，一位名字叫"幸运的里夫"的北欧海盗幸运地航行到了位于加拿大东海岸的纽芬兰，那大约是公元1000年。里夫把那里称为"酒的大陆"，因为那里遍地都是葡萄。

> 并不是人人都对新大陆的被"发现"感到震撼的。对那些世代生活在那里的人们来说，这些探险家的到来无疑就是一场灾难。他们带去了一些致命的疾病，比如天花就在那里广泛传播，而且，许多探险家把当地人当奴隶一般欺诈。他们还抢占土地和偷窃黄金。他们企图暴富。为此，他们不择手段。

41

在哥伦布的意外发现之后，真正的探险行动开始了。但是我敢打赌，你猜不出人们为什么还要继续他们的远航探险。想知道吗？那就回味一下学校那顿丰盛的晚餐有种什么样的味道。

宽宏的麦哲伦

放弃吗？好的，告诉你，答案是胡椒。是的，很常见的。每天你都会在饭菜里放一些胡椒。现在人们已不把胡椒当成什么稀罕之物了，但在几个世纪以前的欧洲，胡椒和其他香料一样价格昂贵，同等重量的胡椒可以抵上同等重量的黄金的价格。人们用它们改变腐败了的肉食的气味。好主意！但是你不可能在商店里随意购买。探险家们经历了极其可怕的长途旅行到达了亚洲，从香料岛（即印度尼西亚的摩鹿加群岛）带回了香料。

历史回放

1497年7月间，勇敢的葡萄牙水手瓦斯科·达·伽玛（1460—1524）从里斯本起航去寻找一条从欧洲到亚洲的航线。他带了4条大船，150名水手和一些囚犯作为间谍出发了。他们沿着好望角航行，那里是非洲的最南端，穿越印度洋，并于1498年5月间到达印度西岸，成为最早从海上到达印度的欧洲人。

我们可要受到英雄般的欢迎啦！

哎！不要进到我的菜园来！

现在，水手中最勇敢的一个人就要出发远航啦。如果你的动作够快，可能还来得及搭上他们的船……

冒险家的辛酸往事

**费迪南德·麦哲伦
（1480—1521）
国籍：葡萄牙**

　　麦哲伦的妈妈和爸爸都是上流社会的人物。他们为自己的儿子制订了一个远大的计划。当麦哲伦12岁时，父母把他送到里斯本的法院，让他成为女皇的童仆。麦哲伦学会了音乐、狩猎和辩论。这些对于一个年幼的孩子来说是天堂般的生活，但麦哲伦并不开心。他向往着大海。

　　几年之后，麦哲伦终于等到一个参加国王大型船队的机会。他很快就毛遂自荐地当上了船长并踏着瓦斯科的足迹向东方的香料岛和菲律宾驶去，在一次探险时，他在战斗中负了伤，从此落下了跛脚的毛病。

变了味的香料

　　1519年，麦哲伦开始了自己有生以来最勇敢的一次远航。他和瓦斯科一样，向西驶去，希望能像向东航行一样同样到达香料岛。不过他们遇到了一点小小的意外。南美大陆横在他们的航线上，而且没人知道是否有路可以绕过它。一些水手奉命打听有关海上通道的信息——那是一条从大西洋穿过南美大陆进入其西方海洋的水路，但无人知晓。此时，麦哲伦在琢磨着更重要的事情。他身上一点儿现金也没有了。而没钱，就寸步难行。他不得不放弃葡萄牙国王，转而投奔西班牙国王。很走运，西班牙的国王查理一世很欣赏麦哲伦并愿意支付他的所有旅行费用（此次航行与葡萄牙人再无瓜葛了）。这样，在1519年9月20日，麦哲伦带领5艘大船（包括1艘他自己的船，"特利尼达"号）和280名男水手上路了。

下面就是麦哲伦在写给妻子毕特里兹的信中对此次航海所作的描述：

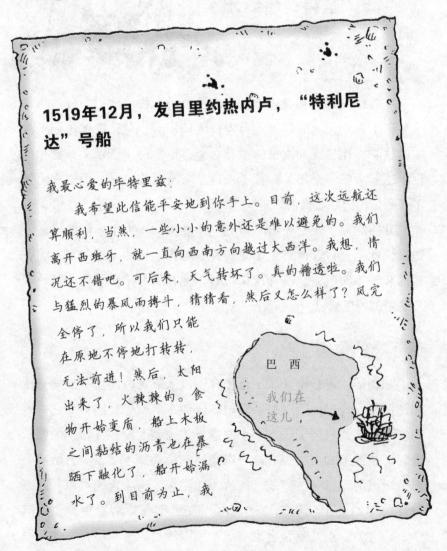

1519年12月，发自里约热内卢，"特利尼达"号船

我最心爱的毕特里兹：

　　我希望此信能平安地到你手上。目前，这次远航还算顺利，当然，一些小小的意外还是难以避免的。我们离开西班牙，就一直向西南方向越过大西洋。我想，情况还不错吧。可后来，天气转坏了。真的糟透啦。我们与猛烈的暴风雨搏斗，猜猜看，然后又怎么样了？风完全停了，所以我们只能在原地不停地打转转，无法前进！然后，太阳出来了，火辣辣的。食物开始变质，船上木板之间黏结的沥青也在暴晒下融化了，船开始漏水了。到目前为止，我

巴西

我们在这儿

们在河道里已经待了一个星期啦，船也修好了。这是一个多么美妙的地方啊。当地人极其友好，真是无微不至。水手们尽情享受着大好时光——他们以前从来没有过过这么好的日子。当然啦，我一直在忙着看手头的航海图。

　　非常想你

　　　　爱你的 麦哲伦

1520年4月，发自南美阿根廷，巴塔哥尼亚高原，"特利尼达"号船

亲爱的毕特里兹：

　　几个月过去啦！我们是在去年圣诞节那天离开里约热内卢的，实话告诉你，我们还真舍不得离开那里。随着我们向南驶去，大海变得越发狂怒，风也更猛烈了。水手们也开始发牢骚了，情况变得越来越糟糕了。水手们要求掉头返回里约热内卢，但我告诉他们，无论如何，我们都要继续向南驶去。没有回头之路！

　　到了月底，我听够了他们的牢骚。我们在名叫圣·朱丽安的小港口抛锚，打算在那里过冬。我希望能在那里好好休整一下，但这只是我的一相情愿，事情糟

透了，三条船上的船长跳出来哗变！我心里明白，他们从来就没有喜欢过我，但我没想到他们这么快就倒戈了。我必须迅速行动，我把其中的两个人砍了头，剩下的一个也被我流放到没有人烟的荒岛上去了。我知道这么做有些残忍，天啊！但都是他们逼的。

请别为我担心，亲爱的，我很好！

爱你的麦哲伦

★ 南半球的季节与北半球正好相反。所以当北半球是夏天时，南半球已是冬季，如此反复。

1520年10月，发自麦哲伦海峡，"特利尼达"号船

最心爱的毕特里兹：

我们找到啦！我们找到啦！噢！天哪！我真的要乐疯啦！几个星期以前，一场猛烈的暴风雨把我们的两条船刮到了岩石上。我下令他们弃船，但是最神奇的事情发生了。我至今依然无法相信。突然间，我看到不远处的海面上有船只在漂荡着。

风把它们吹到了一条夹在岩壁之间的水道内。是的，亲爱的，他们找到了通道，他们看见了那面的大海！我感到自豪，噢，毕特里兹，亲爱的，我激动得心都要跳到嗓子眼啦（但我没有告诉任何人）。

我给它起了个名字——麦哲伦海峡，对，是以我的名字命名的！我们围着海岸走到这条水道整整花费了我们一个月的时间，但是值啦！穿过海峡以后的大海一望无际。海面风平浪静，噢，亲爱的，我把它称为"太平洋"。

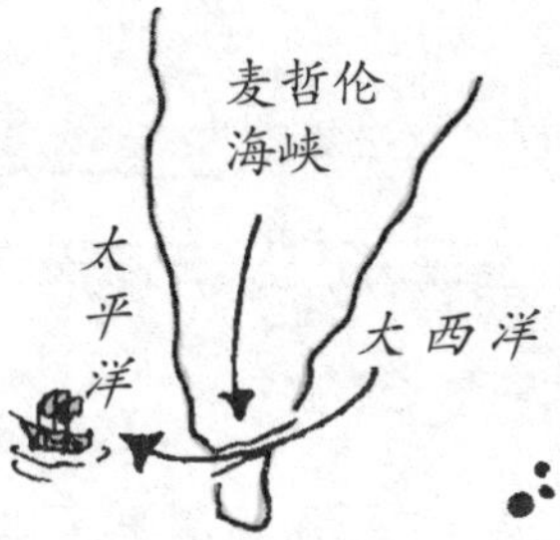

麦哲伦
海峡

太平洋

大西洋

你要是与我同行该多么美好！

爱你的麦哲伦

1521年2月，太平洋上的某处，"特利尼达"号船

亲爱的毕特里兹：

抱歉，好久没有给你写信了。我的感觉不太好。我们在这波涛汹涌的大海上航行了几个月，但现在还是望不见陆地。"太平洋"，去它的吧！我们搞错啦！我现在开始讨厌这个地方了。除了发臭的、布满浮渣的脏水以外，我们已经没有了喝的（如果你捏住鼻子，就没事了）。只能吃一些又干又硬的葡萄饼，这些葡萄饼也被耗子啃过了（但我没敢对水手们讲）。我们的船常常随

47

着海浪上下起伏，水手们也捕点老鼠和海里的东西煮了吃吃。人们都感到自己的身子轻飘飘，像是能飞起来，但又虚弱得动弹不得。我也不知道我们几时才能摆脱这种困境。

爱你的 麦哲伦

历史回放

你可以读到更多的关于坏血病的见闻，但可别在你吃饭时去看那玩意儿，很可能让你倒胃口的……

1521年，发自菲律宾，"特利尼达"号船上

最亲爱的毕特里兹：

就在绝望之际，我们看到了前方那美丽的赤道岛屿。终于安全啦！难以置信！我们仅剩下将就着划到岸边的那一点点力气了。然后，我们吃到了新鲜的鱼儿、香蕉和椰子，啊哈！这是我们几年来第一次吃到的新鲜食物！

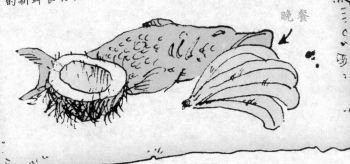

晚餐

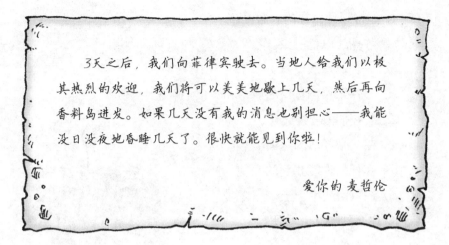

3天之后，我们向菲律宾驶去。当地人给我们以极其热烈的欢迎，我们将可以美美地歇上几天，然后再向香料岛进发。如果几天没有我的消息也别担心——我能没日没夜地昏睡几天了。很快就能见到你啦！

爱你的 麦哲伦

棘手的结局

但是，毕特里兹再也没有见过自己的丈夫。4月27日，麦哲伦在两座岛屿之间的战争中丧生。简·塞巴斯蒂昂·卡诺，曾在途中闹事的捣乱分子，当上了这支探险队的头头儿。他们到达了香料岛，满载着珍贵的丁香料，踏上了漫长的返乡之程。

1522年9月6日，一艘破旧不堪的大船"维多利亚"号终于回到了西班牙，这是3年前出发的5条船中仅存的一条，出发时的280人中，经历了这残酷的远航以后，仅有18人生还。他们的航程达8.5万千米，成为最早的越过太平洋并环游世界的欧洲人。这是真正无畏的探险家。

麦哲伦不幸丧生了。他不仅葬送了自己的宝贵生命，也失去了本该属于他的成功的荣耀（此次航海中，所有的成功都是在他的主张下实现的），而善于讨好的卡诺却窃取了麦哲伦的所有荣誉。你能成为一名坚强不屈的海员吗？

你能成为麦哲伦时期的海员吗？

试着迅速回答下列问题。如果你有足够的毅力，就和你的老师较量较量吧。

1. 你将穿什么样的衣服?

a) 鲜亮的白色制服。

b) 一套防水服。

c) 一件罩衫, 宽松的裤子和一顶毛帽子。

2. 你在哪里睡觉?

a) 在一张舒适的睡铺上。

b) 在任何你能找到的空地。

c) 在震动的甲板上。

3. 你会到哪儿大小便?

a) 在船的一侧。

b) 在甲板的大桶里。

c) 在一个可冲洗的洗手间里。

答案

1. c) 水手们并不在乎自己的穿戴。他们的衣服大而宽松, 这样活动、干活都很方便。而且, 他们也并不在意能否保持清洁。船上没有洗衣机。所以你的衣服又脏又湿, 你会变得臭气冲天、邋遢至极。

2. b) 抱歉, 如果你是船上一位高级官员的话, 才能有床可睡。而且, 那并不是我们平常所说的那种床, 不过是一堆发霉的破旧麦秆。通常, 水手们就在自己所能找到的空地上倒头就睡。你甚至别指望那地方大得足够把你的腿伸直。你还必须每4个小时就醒来一次, 观察守望。如果你忘了的话, 就会被鞭打一顿的。

3. a) 是的。我想可能就是这样的。船上有一块木板, 你可以坐上去, 但那太危险了, 尤其是变天时。但是许多水手并不介意在那块厚板下走动。他们钻进舱底 (就在甲板下面, 里面会存有污水, 为的是保持船的平衡)。这时你需要一个强有力的胃——那气味可是糟透了。

历史回放

　　一群业余的海盗完成了第二次海上探险，成功地周游了世界。1577年12月，浪迹江湖的英国水手弗朗西斯·德雷克(1543—1596)从英格兰的普利茅斯出发了。他从伊丽莎白一世那里得到的官方指令是要为英国寻找新的领地。但私下里，女皇却授意他去抢劫那些从南美开过来的、满载无价之宝的西班牙货轮（当时，西班牙是英国的死敌）。这才是德雷克此行的真正目的。当他的船队3年后回到英国时，满载着财宝——黄金、银子、珍珠、丝绸、珍贵的瓷器和香料。不难想象女皇会多么的高兴啊。她授予德雷克"骑士"称号，他的名气和财富得到了保证。

　　既然海盗的行径如此龌龊，专业的航海家又如何呢？在下一节我们要讲到一位杰出的水手。他对金钱和通商毫无兴趣。他只是想去看看世界而且去学习更多的地理知识。我知道，这是难以置信的。

勇敢的库克

　　顶级的英国水手詹姆斯·库克无疑是一位勇敢而无畏的人。在18世纪，他完成了三次最伟大的航海探险活动。对于一个生长在以贩卖水果和蔬菜为生的家庭中的孩子，实在是了不起。

51

冒险家的辛酸往事

**詹姆斯·库克
（1728—1779）
国籍：英国**

　　库克生于英格兰。他的爸爸在农场干活。他爸爸的老板出钱供他去上学。当小库克长到12岁时，就到一家食品杂货店去打工。但他对整天与水果、蔬菜打交道烦透了，于是就转到一家煤船上干活。后来，他加入了英国皇家海军并升为海军上尉。库克利用业余时间自学数学与测量。了不起！人人都说他是一个杰出的水手而且天生就是当头儿的料。1768年，他组队率领一支新的科学考察队远征南太平洋。

历史回放

　　第一次以科学而不是商业的名义进行的航海探险是由法国海军军官和数学家路易斯—安东尼·布干维尔(1729—1811)完成的。1766年，就在库克出发的前两年，他与众多的科学家离开法国去周游世界。他们走了整整两年，返航时满载着数百种珍奇的新标本——树木和动物，包括一种采自南美大陆的美丽的花，他以自己的名字将其命名为"布干维尔"，此花属于九重葛类。

这花开得妙不可言！

第一次远航（1768—1771）

海军要求库克观察金星凌日。这对于测量从地球到太阳间的距离是非常重要的，也可以使航海变得更为精确。麻烦在于，这种天文学现象每100年才出现两次，所以，对于地点与时间的选定就显得十分苛刻。1769年，观测的地点就选定在南太平洋上的塔希提岛。

当然，这只是官方文件……噢，库克把他的外套烧了个大洞，衣服里还装着一封标有"绝密"字样的信封。里面装着由英国政府签发的几项绝密指令，充满好奇心的库克得到命令：在到达塔希提岛之前不得打开此信，别着急，你用不着等那么久。这会儿我们可以先偷看一下，嘘……别告诉别人。

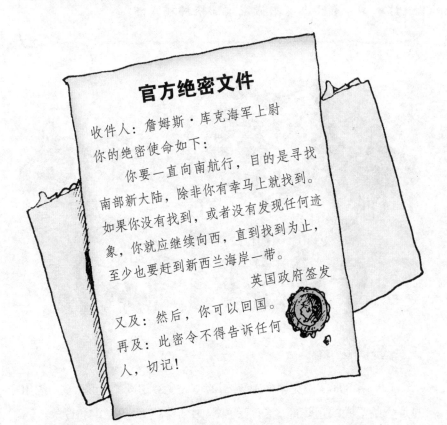

官方绝密文件

收件人：詹姆斯·库克海军上尉

你的绝密使命如下：

你要一直向南航行，目的是寻找南部新大陆，除非你有幸马上就找到。如果你没有找到，或者没有发现任何迹象，你就应继续向西，直到找到为止，至少也要赶到新西兰海岸一带。

英国政府签发

又及：然后，你可以回国。
再及：此密令不得告诉任何人，切记！

信中所指的这一南部新大陆是什么意思，它又在何处？而且，为什么要如此机密？迈尔斯作了如下的解释：

那里就是南极洲。古希腊人早就预言有南极大陆的存在，可他们从来没有到过那里。他们认为在南方肯定存在着一块巨大的大陆，与北半球的大陆保持平衡。在早期的地图上，标有"澳洲隐大陆"，意思是"未知的南方大陆"。那里离欧洲太遥远了，他们花费了几个世纪去寻找它，随着探险活动的发展，地图上的许多空白已被填补了，于是，探险家们（还有不少国家的统治者们）把目光转向了南半球。一场无声的竞赛紧锣密鼓地开场了，不知谁能最先发现那块神秘大陆？

史诗般的远航

1768年8月，库克率队乘英国的"爱德沃尔"号起航了。他用的是一条坚固的运煤船，随行的97人中，有不少勇敢的科学家。

历史回放

在众多随行的科学家中，有一位是英国著名的顶级植物学家约瑟夫·班克斯（1743—1820）。航程中，只要晕船不是太厉害，他就抽空研究植物学的书并收集了数千种新型植物标本（他带了4位仆人帮着他把这些标本进行分类）。班克斯还是第一位见到袋鼠的欧洲学者。当时，他开心地蹦了起来。后来，他打死了一只袋鼠并当茶点吃掉了。还有谁吃过用袋鼠肉做的三明治？

经过千难万险的旅途生活，"爱德沃尔"号终于在1769年4月到达塔希提岛。这些饱受折磨的科学家也振作了起来。他们建好了一座观察室并架设好望远镜和其他的仪器设备。6月3日，他们期待已久的那个时刻终于到来了。天气晴朗，他们静候着金星掠过太阳的那个美妙时刻。宇宙竟如此奇妙！库克是如此的激动，以至于他几乎忘记了在自己衣袋中还有一个信封。当他读着那封信所要求的绝密使命时，手都发抖了……

已经没有时间了，7月，"爱德沃尔"号再次起航，向南驶去。向南，再向南。但依然没有关于那块神秘的南部大陆的任何消息。库克一直在让他的队友们绘制着澳大利亚和新西兰的最新地图。那是一个漫长而烦人的工程。在次年的6月，灾难降临了，"爱德沃尔"号撞上了珊瑚礁。把船的一侧撞出了一个大窟窿。反应敏捷的库克立即用备用的帆布将漏洞堵住，然后驶向印度尼西亚进行大修。

1771年7月12日，经过三年惊心动魄的航行以后，"爱德沃尔"号终于回到了家乡。实际上，库克并没有发现什么新大陆，但他却访问了许多以前从来没有到过的地方，并把它们标注到地理书里面。他受到了狂热的欢迎并得到提升。

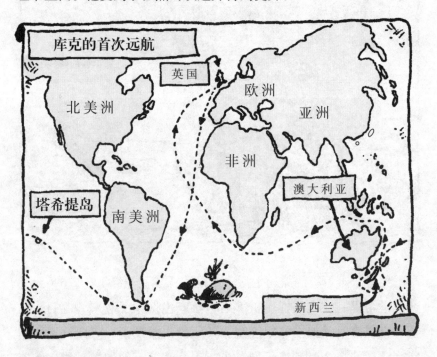

库克的首次远航

英国

北美洲　　欧洲　　亚洲

非洲

澳大利亚

塔希提岛　南美洲

新西兰

第二次远航（1772—1775）

第一次返航后不久，库克再次出航。他带着两条崭新的船，再次去寻找南极大陆。这是一次惊心动魄的旅行。当他们不断地向南航行时，天气变得异常寒冷，海面上也常常会遇到浮着的冰山。在浓重的雾中，连冰山的移动都看不清楚，船只很有可能会被撞沉。这使得库克相信，南极大陆是不可能存在的。即使存在也没有人能到达那里。库克十分沮丧地在日记中写道：

我现在在环绕南部海洋航行……不可能会有一个新大陆存在，除非在极点附近，而且船只是无法靠近那里的。

库克的第二次远航

英国

欧洲

北美洲

亚洲

非洲

澳大利亚

塔希提岛

南美洲

新西兰

南极洲

他认为，没有什么理由非要再次远航到这寒冷且危险的水域去。毫无疑问，那里绝对不是他度假的首选。回到家乡以后，库克试图静下心来，好好写一篇关于坏血病的文章。

历史回放

　　坏血病是海员们易得的一种致命的疾病。它是由于没能食用足够的维生素C（存在于新鲜水果和蔬菜中）而引起的。得了这种病后，你的大腿先开始肿胀。当你吃东西时，牙齿会掉，接下来，你会变得极其虚弱，并发病，最终会疼痛致死。谨慎的库克想出了一个绝妙的方法，可以避免这种致命的疾病发生。他让那些海员狼吞虎咽地吃掉一盘腌制的大白菜。你想想，这要是学校的晚餐，可就惨啦（另外一种疯狂的治疗方法是用尿按摩你那肿胀的大腿）。后来，他们发现喝柠檬汁或酸橙汁可以治病。知道了吗？得多吃点绿色蔬菜！

第三次远航（1776—1779）

　　库克在第三次远航中，计划去寻找一条穿越北美大陆北端的海上航线。航行一开始就顺利而舒适，虽然这是一次枯燥的海上航行，但库克发现了夏威夷群岛——一个田园诗般的度假之地。

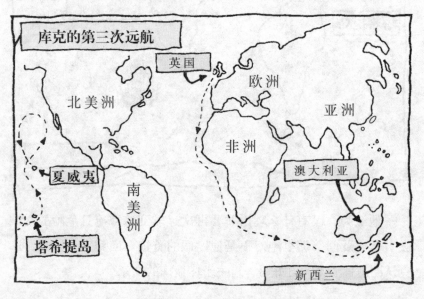

夏威夷人非常友好并把库克视为神明，但神仙也会有令人感到厌烦的时候，特别是当食物短缺时。这些海员在岛上居住了几个月以后，当地人烦透了他们，要他们离开。1779年2月14日，库克在一次小规模的激烈冲突中被刺中，死在了海滩上，他的尸体被海浪吞没了。

历史回放

令人惊讶的是，聪明的库克是第一个弄清自己在地球上方位的人。这得益于一种先进的装置——海洋精密经纬仪。它是由英国的钟表制造家约翰·哈里森发明的，它就像是一个用来测量经度的仪器（测量你所在位置的东西跨度）。如果你知道自己所在地方的经度和纬度，你就能很精确地确定自己在地球上的位置。而在此之前饱受折磨的水手们都无法做到这一点。

地理学家们认为库克是他所处时代最勇敢的海员。他那先行者般的远航，到达了数千平方千米的海域，打开了世界之窗。你是不是看够大海了？想不想到没那么多水的炎热而暴晒的地方去走走？那里实在太热啦，会烤焦你的大脑，让你渴得发疯。别忘了带上防晒油。在下一个旅程中，你将处处用得上它。

戈壁探险家

欢迎来到这充满危险的大沙漠。你对这种景色的改变有何感受？恐怕你在这里待不了一分钟就希望赶紧回到海边去。你将忍耐不了这里的高温酷热，以及渴得要死的那种感受。你要知道，即使是当地人，也很难遇到凉快的时候。那么，为什么在地球上，总有一些无畏的探险家冒着被烤熟的危险赶往那里呢？与以前提到的一样，其中一些人是为了打开沙漠中的通商之道或寻找新的居所，但有一些人则是受到所谓传说中沙漠古城遗址的影响，希望去那里走访走访。他们无惧危险。什么危险？就把脑袋埋到沙子里去吗？

历史回放

致命的沙漠高温以及食物和水的缺乏，能够让最坚强的沙漠探险家变得歇斯底里。就拿勇敢的法国探险家勒内·卡耶(1799—1838)为例吧。1827年，勒内出发，去穿越危险至极的非洲撒哈拉大沙漠。下面就是他讲述的自己所经历的苦难历程：

我陷入了困境。我的眼睛什么也看不清了。我难以呼吸，我把舌头长长地伸到了嘴的外面。我几乎寸步难行。我虚弱得只能趴在地上，我甚至没有劲儿进食……但是，我还不算是最糟糕的，我看见，有几个人在喝自己的尿。

勇敢的伊本·拔图塔

伊本·拔图塔的座右铭是"从来不走回头路"。听上去挺豪迈的，不是吗？但是，这样做是冒着极度风险的，很难保证他能找到回家的道路。

冒险家的辛酸往事

伊本·拔图塔
（1304—1368）
国籍：摩洛哥

伊本·拔图塔生于摩洛哥的丹吉尔。他肯定受过良好的教育，因为他曾被培训成为一名审判官。伊本是虔诚的穆斯林教徒（信奉伊斯兰教的人），年仅21岁时，就赶着骆驼，驮着行装，去穿越阿拉伯大沙漠了。他要去访问穆斯林最神圣的城市麦加。那是一次改变他一生的旅行。在路上，伊本遇到了一位智慧老人，这预示着他注定要成为一位伟大的探险家。同时他必须具备一位好法官应有的素质。

历史回放

伊本·拔图塔的全称是艾布·阿卜杜拉·安拉·穆罕默德·伊本·阿卜杜拉·安拉·阿–拉瓦提·阿塔基·伊本·拔图塔。够你念一气的吧！当他在旅行中向别人介绍自己时，别人都对这么长的名字感到厌烦，没人愿意与他聊天啦。

名义上的好法官

　　伊本·拔图塔是真正狂热的探险爱好者。30年间，他基本没着过家。在他前往麦加的途中，他途经了埃及和叙利亚。又穿越了风尘滚滚的阿拉伯大沙漠，到了波斯（伊朗）和伊拉克。接着，他又乘船沿非洲的东海岸南下赞比亚。实际上，他只能算是到了那里。还没走访过什么地方，一有空就痴情地往家里写明信片。

亚洲

非洲

印度

亲爱的妈妈：
　　过得愉快吧。我现在在埃及，或者，这里是波斯？别着急，我会认出来的，还要去看看……噢，对不起，这湿透了的明信片，我忘了这是在船上！希望你也能在这里。
　　　　你心爱的儿子
　　　　伊本·拔图塔

拔图塔夫人（收）
山羊山，24号
丹吉尔
摩洛哥

伊本·拔图塔每到一处，都会受到贵宾的待遇，很快，他的名字就家喻户晓了。

大约在1333年，伊本·拔图塔抵达了印度。他与德里的苏丹王成了朋友，并在那里谋了份法官的职务。从他的记录中我们得知，他过得非常开心，他在那儿一住就是8年。他在那里挣了不少钱，还买下一幢豪宅。后来，他的好运走到了头，厄运接踵而来。他得罪了苏丹王而被投入监狱。最终，苏丹王又改变了想法，两人又成了好朋友。苏丹王把他释放出来，并指派他作为自己的官方大使前往中国。

最后的旅行

即使是最勇敢的探险家也有思乡的时候。伊本·拔图塔在中国待了几年以后，终于决定回家了，他于1349年回到了摩洛哥的丹吉尔，至此，他已在外面闯荡了24年，奇怪的是，乡亲们居然都还记得他……

现在，你可能会认为，勇敢的伊本会十分高兴地打开自己的行李包，歇口气了吧。不是吗？但事实上他在家也并没有待得太久。

还有一个地方他没有去过，而他正急切地要赶往那里。所以，1351年，他再次上路了……目的是撒哈拉大沙漠。翻过阿特拉斯山脉以后，他搭上了一支骆驼商队，和他们一起穿越这茫茫的大沙漠，沙子吹得他满眼、满鼻孔里都是，他也渴得快要发疯了。

年迈的伊本能忍耐这种高温吗？你认为他能吗？在旅途中，伊本在马里王国（西非）待了一年，乘独木舟在尼日尔河上航行并访问了马里的通布图——一座颇具传奇的著名的城市。

当1354年伊本再次回到家乡时，他已完成了12万千米的行程。在他的余生里，他潜心写了一本书，回忆他所走过的路途……或许你会觉得难以捕捉他的行踪，别着急——下面，迈尔斯将给你看一张他的简易旅行路线图。

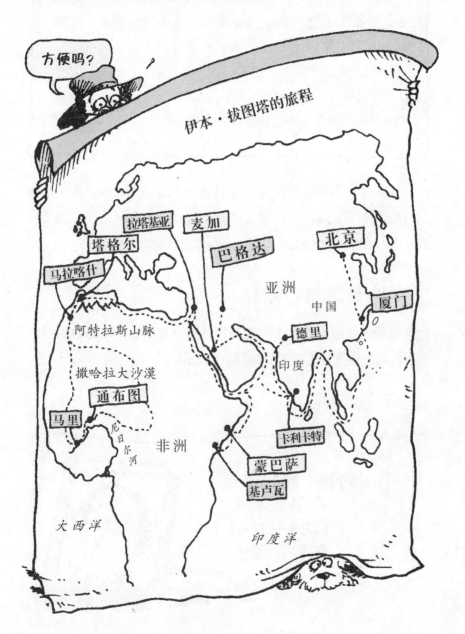

67

历史回放

多年来，通布图对旅行者们有着极大的吸引力。几个世纪以来，它一直是沙漠中商品交易的中心，关于那里蕴藏着巨大财富的传说一直被广泛流传着，但是，直到19世纪，从来没有一位欧洲人到访过那里……并活着出来。1826年，一位大胆的英国士兵亚历山大·乔治·拉宁(1793—1826)曾试图到通布图，但他还没有进城，就被当地人当做间谍抓了起来，并在睡梦中被杀死了。

接下来，你要遇到的这位探险家并不是奔通布图去的——他彻底地改变了主意。但他对自己的行动并没有失落，他找到了一座被人们遗忘已久的沙漠城市——而且完全是出于偶然。

秘密使者布尔克哈特

约翰·路德维格·布尔克哈特并不打算成为一名勇敢的探险家。但他的钱花光了并渴望找到一份工作。

冒险家的辛酸往事

约翰·路德维格·布尔克哈特
（1784—1847）
国籍：瑞士

约翰生于瑞士的洛桑。他的爸妈对他很好，都把他惯坏了。但是约翰幸福的童年时光并不算长。他爸爸破了产并被抓了起来。后来，约翰进了大学，但他的学习成绩并不理想。他忙于各种聚会并多次参与打架斗殴。

幸运的开端

1806年，身无分文的约翰乘船到英国去寻职，几个月下来，他没能找到一份工作，都快饿死啦。但是，有一天，他的运气来啦……几年前，伦敦一个由知名的地理学家组成的小队成立了非洲探险协会。他们迫切地需要一位志愿者去探寻尼日尔河的源头（之前他们所派出的所有人都死掉或失踪了）。他们愿意为此支付每天1英镑的工钱。约翰正为钱的事犯愁，当有人向他介绍这份差事时，他马上就答应了。他的任务听上去挺简单：途经埃及的开罗城，然后穿过撒哈拉大沙漠到达通布图，再进入尼日尔河。但此行是没有节假日的。

在接下来的几个月中，约翰根本没空去想此行充满的危险，他开始学习阿拉伯语（是一种在中东和北非地区使用的语言），每天中午行走好几千米，进行沙漠行军的适应性训练（还不能戴帽子），还不能吃水果和蔬菜。苦啊！

万事俱备啦！噢，几乎吧。其实，还有一个最大的问题，当时，在中东和非洲，绝大多数旅行者是阿拉伯人。像约翰这样的欧洲人极少而且特别扎眼，很可能被抢劫，甚至被当做间谍杀掉。对约翰来说，此行唯一可用的方法是化装。他装扮成阿拉伯人，穿上宽大的阿拉伯长衫，还包上了头巾。

终于，在1809年3月间，约翰踏上了自己的征途。

69

约翰是奔着尼日尔河去的吗？或者，当地人都认出他的伪装了吗？在哪儿才能更好地读到关于约翰勇敢的沙漠日记，而不是从他那些神秘日记中摘录出来的内容呢？顺便说一句，希望你原谅这难看的手抄本，因为约翰不得不时刻注意用阿拉伯长衫把自己遮住，否则他就暴露啦。

布尔克哈特的行走路线

地中海

阿勒颇

西奈山脉

开罗

尼日尔河

佩特拉

亚喀巴

阿斯旺

延布

麦地那

红海

努比亚沙漠

麦加

吉达

尚迪

萨瓦金

我的沙漠日记
绝密

★ 这是约翰在旅途中所使用的阿拉伯姓名

易卜拉欣·伊本·阿卜杜拉★
1810年9月叙利亚阿勒颇城

　　我于1809年7月到达叙利亚，所以我已在这儿待了一年多啦。事情要比我事先想象的好些。我的伪装效果棒极啦。只是当当地人想揪一下我的大胡子时，我有点儿恐惧。我的处境可真是艰险，现在我已经能讲一口流利的阿拉伯语了，而我的瑞士口音也几乎全改了。我已经在附近的沙漠里进行了三次短途旅行，目的在于锻炼自己。我在第三次旅行中遇到了点儿小麻烦，我被强盗抢走了钱和骆驼。还算幸运，他们没有抢走我的日记本——我把它藏在了裤子里。

　　1812年7月，我已做好一切准备工作穿越约旦峡谷，我在1812年4月离开了阿勒颇，并骑着马沿着约旦峡谷前进。啊，我到了开罗！我决定迂回前进，这样就能好好看看这里的田园风光啦。当然，我知道这样做是很冒险的。道路旁边的一个个石头堆就是那些被土匪杀害了的旅行者的坟墓。但是，我知道这是值得冒险的。

我的大胡子

71

入夜，我通常能在村庄里借宿或搭个帐篷，就像当地人一样，睡在地上。到目前为止，还没有一个人识破我的伪装。

1812年8月19日，大沙漠中的某地

告诉你，可真难熬啊！天气热得能烤死人，道路崎岖，路面粗糙，蚊子多得能让你发疯。我很高兴地到达了克拉克城，在那里，

我美美地歇了几天。我听到了一个关于藏在附近沙漠小山丘下面古老小城的浪漫故事。我急切地想去看看。但是要我到一位能给我下面的旅途当向导的人可要比我想象的难多了。终于，我找到了一位，他愿意为我当向导，带领我走到开罗，工资仅要1英镑和4只山羊。白天的强盗太多，而且，防不胜防。

1812年8月22日，约旦，佩特拉

多美的一天啊！我看到了那座废弃了的城市，但似乎我要绕道而行，这让我疑心重重，所以，我坚持用一只山羊去敬献给大预言家哈龙。他的墓地就在山谷的尽头，而我们必须穿过这座城市才能到达那里。可爱吧？但是，我的心

都要跳到嗓子眼了。我紧跟着向导，穿过这狭窄的、狂风大作的峡谷，突然它出现在我们眼前——一座堂皇的古城，城墙用玫瑰红色的沙漠岩石垒成！我试图偷偷摸摸地看一眼那精美的建筑和墓地，但我的向导却急急忙忙地催我，我也不敢在那里停留过久，我仅仅能抓紧时机在墙上写上几笔"到此一游"之类的话，然后就匆忙离开了。

约翰偶然间发现了佩特拉这座古城的遗址。在公元前1世纪时，这座城市是繁华的纳巴泰王朝的首都。纳巴泰人是来自阿拉伯西部的游牧部落，他们疯狂地抢劫过往的商队。后来，佩特拉被罗马人占领了，但在7世纪时，它衰落了，约翰是第一位见到这座城市的欧洲人，它已被人们遗忘了1000多年。这真是个难以置信的巨大发现。

等待商队

出了佩特拉，约翰继续他前往开罗的旅程并最终于1812年9月到达那里。他的计划是加入一支商队，并跟随他们穿越撒哈拉大沙漠，赶到通布图，从那里，他就可以开始自己的尼日尔河的探险了（这就是他此行的目的）。但是，几个星期过去了，依然没有商队的影子。一直没有休息的约翰很快找到了一条商队的必经之路，整天守在那里，希望能有所收获，他还是一副阿拉伯人的装扮。终于，机会来了——一位埃及观光客注意到了他，带他前往阿拉伯的麦加（那是穆斯林的圣城）。（这就是约翰化装的好处。所有的穆斯林都可以进入麦加——若被禁止，就是大逆不道。）

1815年1月，约翰得了发热病，他不得不缩短了旅程。经过漫长而艰苦的旅程后，约翰回到了开罗……等待另一支进入非洲的商队，很不幸，商队再也没有出现过，两年后，约翰重病身亡。他最终也没能到达通布图，更没能对尼日尔河进行探险。然而，约翰的意外发现却成了所有沙漠探险中最伟大的成就之一。

历史回放

勇敢的约翰并不是唯一化了装的沙漠探险家，1853年，勇敢的英国探险家理查德·邦顿(1821—1890)沿着约翰的路线潜入麦加，他装扮成了一个穆斯林医生（他并不是真正的医生，但当他医治好了两个人的打鼾时，还真像个医生）。事实上，他的化装像极了，甚至瞒过了他的朋友。当他后来返回开罗时，连他的朋友都没能认出他来。

是我！ 谁？

同时，在地球的另一端，探险家们正在试图揭开横贯澳大利亚中部的巨大谜案。那里是富饶的农田，波光粼粼的湖泊，还是枯黄满目、干燥不堪的大沙漠？

苦难的斯图尔特

约翰·迈克道尔·斯图尔特看上去并不像一位无畏的探险家，他身材矮小而单薄，似乎连鹅都不敢惊动，难道让他一个人去追赶野鹅吗……

冒险家的辛酸往事

约翰·迈克道尔·
斯图尔特
（1815—1866）
国籍：苏格兰

约翰生于苏格兰，但他年轻时就移民到了澳大利亚，在那里做农活，还成了一名土地测量员（从事土地的测量与制图工作）。1839年1月，他到了澳大利亚南部的阿德莱德。当时，人们依然不清楚澳大利亚内陆的情况，只有一条路可以去探险——人们不得不穿越大陆，去自寻出路。澳大利亚南方政府花费大量资金资助第一批到达的欧洲探险家，要求他们完成从澳大利亚南部到北部海岸的穿越。但这件事可真是说起来容易做起来难。

历史回放

我觉得现在已经到达了！

1844年，探险家查尔斯·斯特尔特首次试图完成穿越澳大利亚的探险。可怜的斯特尔特（1795—1869）偏偏挑了这么个一年中最热的夏天出发，他和同伴出于无奈，在地上挖了一个坑，以躲避灼热的阳光。天可真是太热啦，斯特尔特竟然连探险日记也无法写下去了，因为墨水刚从笔中流出就干了。雨水终于落下来，斯特尔特已经尘垢满面了。最终，酷暑迫使他不得不止步在离澳大利亚中部250千米的地方。在充满危险的返程途中，斯特尔特在干燥的大沙漠中失明了，他不得不蜷缩着躺在担架上，因为他已虚弱得无法行走。

穿越澳洲大陆

斯图尔特看上去也虚弱无力，似乎一碰就要散架，但是不能被这外表欺骗。他是斯特尔特进行史诗般旅行中的助手而且是一位经验丰富的旅行家。此外，他还具有在小灌木丛中生活的经验并且特喜欢在屋外睡觉。斯特尔特的探险改变了斯图尔特的生活。他要在斯特尔特跌倒的地方爬起来，要穿越澳洲大陆。

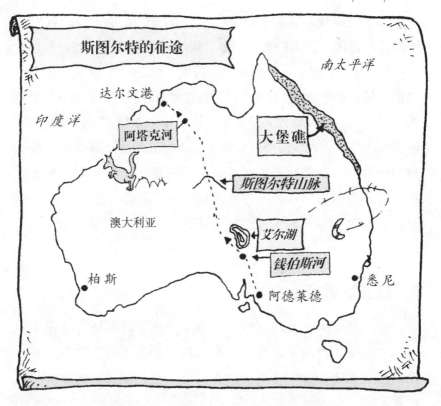

斯图尔特的征途

南太平洋

达尔文港

印度洋

阿塔克河

大堡礁

斯图尔特山脉

澳大利亚

艾尔湖

钱伯斯河

柏斯

悉尼

阿德莱德

▶ 第一次远征

　　1859年8月，信念坚定的斯图尔特和3位同伴带领12匹马从阿德莱德出发，去穿越澳洲大陆。他们向北行进，进入钱伯斯河，然后靠近艾尔湖，接着，向西北奔去，穿过麦克唐奈山脉（这是由南澳大利亚的行政长官命名的）。1860年4月，他们终于到达了澳大利亚中部。你猜猜看，那里是什么样子的？是的——红色的、干燥的、尘土飞扬的大沙漠。斯图尔特是第一位看到这种沙漠景色的欧洲人。他在日记中这样写道：

　　今天，根据我的观察推断……我现在正在澳大利亚的中央部位安营扎寨。

为了表示庆祝，他和同伴们爬上了一座小山（他们称它为"斯特尔特山"，但后来又被命名为"斯图尔特山"），而且是一座平顶山。然后，他们继续向北进发。但在6月，灾难发生了。他们已经行进了大约2400千米，距北方的海岸线只有500千米之遥，但是，后勤保障却每况愈下，而且斯图尔特正在忍受着可怕的坏血病的折磨。事情变得更糟了，不友好的当地原住民封锁了他们的道路（就在被斯图尔特命名的阿塔克小河处），迫使他们不得不返回去。在体力极度消耗和半饥饿的状态下，他们于8月间又回到了阿德莱德，在那里，斯图尔特受到了英雄般的热烈欢迎。

▶ 第二次远征

在第二年的元月间，斯图尔特从他设在钱伯斯河的帐篷营地再次出发。他雇了12个壮汉和49匹马一齐上路。这是一次可怕的历程，太阳像一个灼热的大火炉，他们无法弄到足够的食物和水。

在阿塔克河，他花了几天的时间去试图清理横在他们与大海之间的那条障碍重重的道路，它长达数千米。但是，直到7月，斯图尔特依然没能获得成功，他们怀着深深的失落感回家了。

▶ 第三次远征

斯图尔特并没有气馁，他对自己的目标更加明确了，1861年10月，他再次从阿德莱德出发，开始了他第三次勇敢的探险活动，这次探险活动被称为"澳大利亚南部伟大的北方探险计划"。而且，你将会很高兴地得知，他为自己赢得了荣誉。这一次，斯图尔特略微改变了行程，他们发现了绕着灌木丛行进的道路，在1862年7月24日，兴高采烈的斯图尔特在自己的日记中写道：

我们下马寻找道路，我率先找到了海滩。在范迪门湾，我们自豪而兴奋地望着印度洋的海水……我又转回峡谷，在一棵大树上刻下了这样几个字……

斯图尔特到此一游

斯图尔特离开阿德莱德9个月以后，终于抵达了北部海岸，也就是现在的达尔文城附近。他和他满腹牢骚的伙计们一阵欢呼以后就登上小船出海兜风去了。

斯图尔特最终达到了自己的目标——他穿越了澳大利亚，但是沿途所经受的磨难极大地损害了他的健康。他几乎完全失明，甚至无法说话，在返回阿德莱德的路上，他几乎一直是被挂在两匹马之间的担架吊兜抬着的。

79

斯图尔特和他那些伙计历尽艰辛，疲倦不堪地于12月间回到了阿德莱德。受到民众的热烈欢迎。令人惋惜的是，斯图尔特那超人的经历极大地消耗了他的体力，不久他就死去了。

他开创性的旅程向世人证实，澳大利亚绝大部分国土是干热、草木不生的沙漠。几年之后，人们沿着由斯图尔特开辟的路线，在阿德莱德和达尔文港之间架设了一条电话线。后来还铺设了从澳大利亚通往世界各地的海底电缆。所有这些都应归功于斯图尔特的勇敢探索和实践。

历史回放

经历磨难的斯图尔特实际上并不是穿越澳洲大陆的第一人。一支与之竞争的探险队抢在了他的前面，其领队是罗伯特·奥哈拉·伯克(1820—1861)和威廉姆·约翰·维尔斯（1834—1861）。罗伯特与威廉姆于1861年2月间到达了堪培拉湾。但是，与斯图尔特不同，他们并没有返回。两人筋疲力尽地在返乡途中的库珀峡谷的营地饿死了。非常遗憾，他们与赶到营地的救援队擦肩而过，仅仅相差了几个小时而未能获救。

这些苦难的经历和厄运的折磨太让人心酸了。为了使你高兴点儿，下面讲个关于沙漠探险家的神奇故事吧，他的获救方式十分古怪——多亏了他的"咯咯哒"！噢，不对，那是几只幸运的小鸡。

英雄的赫定

中国的塔克拉玛干大沙漠是个险恶的地方，当地人叫它"死亡之海"。你可想而知了吧。但是王牌探险家斯文·赫定却不信这个邪，穿越那遍布死亡陷阱的塔克拉玛干大沙漠是赫定最大的梦想。

冒险家的辛酸往事

斯文·赫定
（1865—1952）
国籍：瑞士

赫定的父亲是一位顶级的建筑师，他希望年轻的赫定能够继承自己的事业。但是，赫定在学校的功课并不出色。他净忙着干别的事情了，比如在学校餐厅的桌子上画上一些地图啦，等等。

当赫定离开学校时倒挺走运，他在俄罗斯找到了一份当教师的差事。这可能并不是你所想象的那种"走运"吧，但这可是赫定闯荡世界之前第一次离开瑞士。从此，赫定的双脚就再也没有停下来过——他总是在旅途中。1894年，他开始了自己有生以来最大胆的旅行——去穿越险象环生的塔克拉玛干大沙漠。

死亡的征途

当赫定回到故乡以后，应邀作了大量的讲演与报告，讲述他的沙漠之行，成千上万的人赶去聆听。他的报告是如此的引人入胜，听众们都有身临其境之感。你愿一起来听听吗?

81

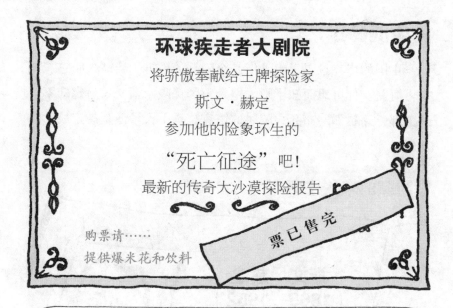

环球疾走者大剧院

将骄傲奉献给王牌探险家

斯文·赫定

参加他的险象环生的

"死亡征途"吧!

最新的传奇大沙漠探险报告

购票请……

提供爆米花和饮料

票已售完

女士们，先生们……我于4月10日从塔克拉玛干大沙漠边缘的梅尔克特出发。我急切地盼望着早点儿到那儿。我们花了几个星期才弄到8匹身强力壮的骆驼和4个随从，他们熟悉沙漠里的情况，可以充当向导。当地人乞求我们别去。他们害怕我们无法活着从那"死亡之海"走出来。

我的计划是向着塔克拉玛干大沙漠中部的和田河进发。我预计那将花费一个月的时间。起先，我们制订了一个周全的计划。随着时间的推移，我们四周的景色变得更加荒凉了。周围悄无声息，没有一丝生命的迹象。我们一步一步地向大沙漠的深处进发，很快地，我们就没有回头路了。10天过去了，我们遇到了一个罕见的水坑，四周生满了灌木丛和绿草。我们装满了几个水罐，认定再有4天就可以赶到那条河了。然后，我们掉头向东，进入了大沙漠。现在，你眼前所能看到的只有一个又一个的塔状大沙丘。突然间，一场大沙暴袭来。旋风把沙子刮得漫天狂舞，灌到我们的嘴里、鼻孔里、耳朵里和衣服里哪儿哪儿全是！

嘘！

我在海滩上也遇到过这么一次！

我盘算着，我们快该到达那条河了吧，不过，我也没有太过着急。我以为，我们的水至少还足够应付一个星期的，不至于太紧张吧。可当我走近看时，却发现了问题的严重性。这些水罐在上次停留时就没有装满。即使严加控制，剩下的水也仅够两天用的了，我们试图挖口井，但滴水未见，如果我们无法尽快赶到那条河，就必死无疑了。我们被吓呆了，什么也甭说啦。他们咕哝着，这沙漠妖魔将会如何用咒语来收拾我们。漫长的两天啊，还有一场又一场的沙尘暴，后来，我们的水终于喝光啦。我们太渴了，就杀鸡、羊喝它们的血，但这也不能维持多久。我们甚至喝自己带来用作燃料的酒精。但这使我们都病倒了。一个接一个，我们的人和骆驼接二连三地倒下，死去了，只剩下我和一位向导卡西姆。虽然我们还硬挺着继续前进，但已极度虚弱，并且我们也预知活不了多久了。我们努力又挣扎了一天，边走边爬地翻过了沙丘。正当卡西姆再也无力行进时，一件令人惊讶的事情发生了……

放眼望去，在一个沙丘的那边，我看到一道由树木组成的绿色风景线，我无法相信自己的眼睛。我们终于赶到了和田河，没靠任何奇迹，我们得救啦！我跪在河边大口大口地喝个不停，直到喝了个肚儿圆。然后，我把自己的水袋子装满，给卡西姆送去。我们俩一起去寻求帮助。啊哈，我们真是好运连连，就在第二天，我们偶然遇到了一些牧羊人，他们给我们提供食物和临时住所。几天以后，一位与我们走失了的伙计平安地回来了，他还领着一匹活着的骆驼。他是被几位旅游者发现的，并被神奇般地救活了。我们终于穿越了这世界上最危险的大沙漠并战胜了死神。但是，我们也为此付出了高昂的代价。

老师的玩笑

你注意到你的老师了吗？他在打瞌睡吗？轻轻地拍拍他的肩头（轻轻地，我说），并问他几个让他难堪的问题。

你那急躁而恼火的老师是如何回答的?

a)听众们嘘声一片。

b)听众们对赫定报以热烈的掌声。

c)听众们蜂拥而去大喝一通。

答案

c)这是真的!赫定为听众们展示了这么一幅可怕的活生生的沙漠历险情景,引得听众们都渴啦。讲演一结束,他们就冲出大厅直扑最近的水龙头去痛饮。

历史回放

可怕的大沙漠也充满了神奇。正如在匈牙利出生的探险家马克·奥尔·斯蒂恩(1862—1943)所发现的那样,在1907年穿越大戈壁的途中,他失足掉入了一个洞穴里。从外面看上去,这个洞毫不起眼,但里面却塞满了无价的古代书籍、雕刻和绘画,它们在沙漠干燥的空气中保存得极好,它们是大约900年前由佛教徒们藏起来的。

你能忍耐沙漠的干旱吗?陷入滚滚的流沙之中?别慌——地球上还有一些危险的地方等你去探险呢。如果你想往高处走走,为什么不翻看下一节那些发生在恐怖的高山的故事呢?那足以让你的毛发都竖起来。一定会令你着迷的。

狂热的登山家

珠穆朗玛峰

人们很早以前就开始从事登山运动了。实际上，你可以说，登山活动几乎与山一样古老。但是，人类登山并不简单地是为了观赏那里的美景。登山意味着一种结束。山脉常常以它那狰狞的面目拦住探险家们前进的脚步，还记得那位高大的马可·波罗吗？他并不是一位有着岩石般毅力的登山家，他仅仅爬上了危险的帕米尔高原并粗略地了解个大概。山脉也有着意想不到的用途，波波卡特佩特（墨西哥的一座火山）是一座最早由16世纪西班牙士兵们攀登过的大火山，他们是为了攫取可供造枪炮火药的硫化物而去的。

从前曾在火山喷出的气流中发现过硫化物。当它冷却下来时，就会形成浅黄色晶体的矿物。

但是，直到18世纪，人类才开始出于消遣和娱乐而进行的爬山活动。在那之前，情况并不如此。

吃苦耐劳的亨利埃特

当今，男孩子们干的事情女孩子们也可以做，比如踢足球啦，骑上自行车从高处冲下来啦等等。但是，在19世纪时，情况可就不同了，简直有天壤之别。人们希望女孩子们待在家里，干一些十分乏味的活儿，比如编织、缝缝补补、照顾家事等等。人们绝对不希望女孩儿们去攀登陡峭的山峰。可惜啊，当时没有人去把这些讲给勇敢而不信邪的亨利埃特·安哥维尔听。

历史回放

爬山时，如果你出现了傻笑的现象，那就赶紧下山吧。要快！否则你会得上高山病的。那可不是开玩笑的。得了这种病，你会感到有点儿像感冒了似的那种头痛，并且剧烈地咳嗽，接着会突然地发出地大笑。不太严重的情况下，你会感到自己非常的高大。至于最坏的结果嘛，你很快就会死掉的。虽然早期的登山员们把这种现象归罪于山里的妖魔鬼怪，但不可否认高山病是由高山缺氧引起的。

你傻笑什么？

冒险家的辛酸往事

亨利埃特·安哥维尔
（1795—1871）
国籍：法国

亨利埃特并不像一般女孩儿那样只会撒娇，她可不愿意只干那些编织、缝补的活儿。对！她把目光投向更有意义的事情上：可能是阿尔卑斯山的蒙布朗峰吧。亨利埃特的梦想是成为攀登这座险峰的第一位女登山家。那可是欧洲大陆的最高峰，海拔4807米。她的家人一直极力阻止她去登山。但他们越是反对，亨利埃特登山的决心就越坚定。

高山生活

亨利埃特用了几个月的时间制订她的登山计划，并于1838年9月2日整装出发了。她的准备工作做得十分保密，家人全都浑然不知。有一天，她穿了一条漂亮的裤子，她的这一举动可把她的家人给吓坏了。因为在当时，女孩子只能穿正经的且又长又厚的裙子。

亨利埃特雇了几位当地向导，带着她向这座恐怖的高峰攀去。他们认为亨利埃特是一位令人难以置信的勇者（对于一个女孩儿而言，这已很了不起了）。她花了三天时间，艰难地攀到了顶峰。她竟然在既无食物又没铺盖的条件下，在山洞里住了一晚上。在顶峰，她放飞了随身带来的一只鸽子，让它传递自己成功的消息。然后，她又艰难地打开了一瓶冰冷的香槟酒以代替热咖啡，一饮而尽。

历史回放

严格地讲，亨利埃特并不是第一位攀上蒙布朗顶峰的女性。一位当地的姑娘，玛丽娅·帕拉迪斯，决定自己挣点钱，她在山顶开了一个小商店，为疲倦的登山者们提供食物，她尽可能地向上攀登，但后来还是被别人背上去的，至少，亨利埃特是靠自己的双脚攀上蒙布朗顶峰的。

攀得更高的女英雄

亨利埃特的成功壮举成为女孩子当中最激动人心的大新闻，许多无畏的女性仿效她大胆的举动，为什么她们愿意勇敢地去面对严寒和猛烈的山风呢？并且不在乎去冒被可怕的雪崩扫到山下的危险呢？这是个非常好的问题。毕竟，它总比做家务和缝缝补补的强……

露西·沃克（1836—1916） 出生在一个登山世家中，她的父亲和哥哥都是有名的登山家。露西跟着他们攀登了无数高峰。1871年7月20日，勇敢的露西成为第一位攀上阿尔卑斯山脉的马特后峰的女性，她用一杯上等的香槟酒和一片松软的面包庆贺自己的登顶成功。

安妮·史密斯·派克（1850—1935） 是一位极其聪明的大学教授。但是，在闲暇时间，她总是去登山。1908年，她成为第一位登上秘鲁安第斯山脉最高峰瓦斯卡兰峰的人。对于勇敢的安妮来说，这已是她第六次成功登顶，她将整个过程描述为"可怕的噩梦"。

范妮·布鲁克·沃克曼（1859—1925）是一位疯狂的自行车爱好者。但是，在1898年，她急匆匆地奔向亚洲的喜马拉雅山，但未获成功。她登山生涯的顶峰是在1906年，当时她攀上了海拔6 930米高的平纳克尔山，创下女性登山的世界纪录。接着，在1912年，她出发去亚洲最长的锡阿琴冰川进行非常繁重的探险活动，猛烈的山风几乎把她的帐篷刮走，一位向导被刮到了冰裂缝中。而她家乡的报纸作了错误的报道，认为出事的是范妮，误认为她已经身亡了。

伊丽莎白·伯纳迪（1861—1934）是按照一位医生的要求而从事攀登的。她说，新鲜的空气将有益于她的健康。女性魅力十足的伊丽莎白穿着一条长裙登山，可裙子下面却穿着长裤。一旦摆脱别人的视线，她就脱掉长裙，把它藏到大石头下面。她结过三次婚，每次蜜月期间，她都会去攀登蒙布朗峰。后来她成为第一家女性登山俱乐部的总裁。

尽管峰顶的条件极为恶劣，这些勇敢的女性们却依然痴迷于这项运动。虽然，攀登过程看上去不止是简单的上山和下山，但她们依然狂热地爱好着它。但并不是每位登山新手对悬崖峭壁都是如此着迷的。

悲叹的曼宁

1811年，性格古怪的英国探险家托马斯·曼宁来到了充满神秘色彩的西藏拉萨城，虽然他一路上乔装打扮，但这也是一条布满危险的旅程。拉萨很少有外来的访问者，如果曼宁被认出来，他就有被杀掉的可能，曼宁为自己感到庆幸了吗？还是不住地唉声叹气呢？事实上，他一直在悲叹自己的不幸。

冒险家的辛酸往事

托马斯·曼宁
（1772—1840）
国籍：英国

学生时代的曼宁功课十分出色。他的拉丁文、希腊文和数学成绩都是最好的，多聪明的一个小伙子！但是曼宁并不是循规蹈矩的假道学者，他从来没有认认真真地做过什么情，而且，还总是爱讲一些老生常谈的笑话。

你是如何走进大学校门的？

从那个拐角向左一转就到啦！

乘条小船去中国

曼宁急切地渴望亲自到中国去看看。可难就难在外国人是禁止进入中国的，所以他得找出个合适的理由才能起程。猜猜看，他弄了个什么理由？他提出要去学医，这样就能当大夫了（医生和科学家在中国的威信一般都挺高）。他穿上了长长的大褂，下巴上也留起了长胡子。曼宁认为这把大胡子能使自己看上去更加刚气十足，但没有一位朋友同意他的这一看法。

一开始，曼宁试图从海上赶往中国，但他的船行驶到中途又返回了。因为他决定采用一种更加冒险的迂回路线，他从印度出发，经过喜马拉雅山脉进入中国西藏，然后再择路进入中国大陆内地，够精彩的吧，不是吗？对于曼宁的这个愚蠢的计划来讲，只有一个小困难——他没那个胆子。他已不是青春年少的曼宁了，只是，他非常渴望去中国，而又特别害怕旅行。而且他从来没有停止过对旅行的抱怨！下面就是这位牢骚满腹的曼宁写给家乡的一位朋友的信，里面可能提到了他的旅行经历。

1811年夏天 印度加尔各答

我亲爱的朋友查尔斯：

我将要离开印度的加尔各答。上帝才知道我此行的终点。好啦，我觉得，从这里到中国可能有5 000千米的路程吧。多令人沮丧啊，不是吗？我必须说，查尔斯，这次探险对我来说可不是闹着玩儿的。为什么，噢，为什么我没有听你的话待在家里？我会努力尽快再给你写信的（如果我还能活着的话）。

真希望我能在家待着。

曼宁

又及：我下巴上的大胡子长得不错吧，顺便说一下，它已经长到膝盖处啦。

1811年11月中旬 中国西藏 格安特色

亲爱的查尔斯：

　　现在我到了西藏，而且情况还不错，我能骗你吗？这是一次多么可怕的旅行啊！我离开加尔各答以后，花了几个星期的时间，赶到了不丹（喜马拉雅山脉南坡一个很小的王国），从那儿开始了可怕的登山之旅。老天爷啊！从那以后，我就一直不停地爬啊爬啊！

　　可想而知，我都快被累死了（感谢上帝，我能获得一些萝卜炖肉——在你生病时，这可是太有营养啦）。我可怜的双脚真要毁了我。天气变得极糟，连日来，除了下雨还是下雨，我都湿透啦。这下可真是惨啦！

　　谢天谢地，我总算到了西藏边境的发里—迪宗要塞。看来可以好好地休息一下了，但是，当地的一位大人物不知为什么发了火，我从那舒适的大床上被掀了下来。这种事常有发生。

赶到格安特色剩下的路途真是太可怕了。我的马突然受惊而狂奔。谢天谢地，路上有一群牦牛，才把马给拦住了。否则，我也就死定了。我要回家！

曼宁

又及：我不能和衣而睡——衣服里跳蚤太多啦！我快要发疯了。我简直愤怒到了极点！

1811年12月·中国 西藏 拉萨

亲爱的查尔斯：

终于到了拉萨！但也不过如此。我仿佛经历了一场噩梦。我一生中从来没有这么冷过。即使在新睡袋里，戴上帽子，还是太冷了，我的大胡子上都结冰啦。翻山越岭简直要了我的命。路上全是冰，以致一个假台阶就可能让我突然滑坠。如果我能活着回到家乡，发誓不愿再见到这可怕的大山了。甚至连座小山丘也不想见啦。

当我们快到拉萨时，我必须承认，我对拉萨的期望值很高，我甚至还开了几个多年都不曾开过的玩笑。然而，这是一个多么寒冷，多么阴暗的地方！我真是太失望了。可我终于到了这里，对不起，查尔斯，我失望得都不想写任何东西了。

希望尽快见到你。

曼宁

准备返乡

从那之后，曼宁再也没有进入过中国内地，他的请求被送交到中国的皇帝那里，但没有回音。更糟糕的是，拉萨当局猜到了曼宁可能是一个骗子。虽然他们还无法证实，但曼宁的一举一动都受到了监视。至少，他可以行医为生。直到一天，他的一位病人死掉了，他的行医之路也就走到了尽头。随后，他不得不把自己多余的衣物拿去变卖才能勉强糊口度日。终于，在1812年4月，曼宁被允许离开拉萨返回英国。那么，你认为接下来他会干些什么呢？

a）写一本关于此行的书。

b）写一本关于大胡子的书。

c）写一本笑话书。

答案

c）曼宁在去拉萨的路上一直在写日记，事实上，直到他死后，才有人知道真相。他写了一本极为淡而无味的笑话书，你听说过一个人为自己长到膝盖的胡子而悲叹的故事吗？

可能我该写一本讲讲那些平淡无奇的玩笑的书啦。

曼宁到意大利度假以后，再也没有出门旅行过。但他从来没有停止过悲叹。他无休止地唉叹使你感到不爽，是吗？来吧，我们的下一位无畏的探险家已迫不及待地上路啦。

辉煌的宾厄姆

这是关于一个男人执行使命的故事。这个使命是去寻找一座失落的城市以及在那里秘密藏匿的黄金。此人就是美国探险家希兰·宾厄姆。他除了极为勇敢之外，还是位极其出色的登山家。他渴望接受这个任务。这座城市被人们长期遗忘的原因就是因为它坐落在高高的陡峭山峰之上。

冒险家的辛酸往事

希兰·宾厄姆
（1875—1956）
国籍：美国

在大学，聪明的宾厄姆主攻历史，后来成为一名教授。1911年他应征去南美从事考察，他抓住了这个机会。如果换成你，你会怎么选择？是准备开始一生中辉煌的旅行，还是待在家里甘当一个无聊的历史教师呢？宾厄姆的任务听上去十分简单。他要去找到位于比尔卡班巴山的印加古城。而问题在于，这座神秘的印加古城已消失了好几个世纪。

历史回放

大约700年前，印加人生活在安第斯山地区。几百年前他们十分富有——一片辽阔的疆域，美丽的城市，繁荣的宗教和堆积如山的黄金。然而，灾难降临了。在16世纪，被称为征服者（意味着胜利者）的西班牙军队杀入秘鲁。他们对那里的城市和诸神毫无兴趣，而对黄金贪得无厌。面对西班牙人的枪炮，印加人毫无反击能力而被掠夺得一无所剩。许多印加城市被毁掉，仅剩了少数几个得以幸存。它们被完好地隐藏在大山里，西班牙人对它们全然不知。

传说中，比尔卡班巴山是一座秘密的大山，印加人就是在那里躲避西班牙人的追杀。那是一个难以置信的地方，曾几何时，豪华的宫殿、堂皇的庙宇和无尽的财宝，远远超过你的想象。所以，正如报道中所说，如果谁能够找到它，那吃苦耐劳的宾厄姆也一定能。下面就是《环球日报》关于宾厄姆那令人毛骨悚然的发现的报道。

1911年7月25日 环球日报
秘鲁 库斯科
隐藏在安第斯山中的印加古城

英雄希兰

美国王牌探险家希兰·宾厄姆今天返回秘鲁的库斯科，庆祝一个辉煌的发现。由宾厄姆率领的一支勇敢的探险队发现了一座消失已久的印加城市，它建在高耸的安第斯山脉上。

一脸笑容的宾厄姆告诉我们的记者说："我简直无法相信自己的眼睛。我知道那座城市可能会存在于大山中的某一处，但是我无法猜到它究竟在何处。"出乎意料的是，宾厄姆发现了古城的所在地。指证这座古城所在地的唯一线索来自一本古老的西班牙书籍。

书中说，这座城市可能在"……被雪覆盖着的峰顶处……"这并不足以我到古城，但这就是宾厄姆所能了解到的所有线索了。他认定，这座古城肯定就在库斯科附近，那是安第斯山脉的一部分而且以前从未被考察过。但这仅仅是一条线索而已。

进入未知地域

几个星期之前，宾厄姆与他的探险队从库斯科出发，开始了他们第一次勇敢的探险活动。他们沿着一侧陡峭的河谷，翻过了好几座山峰，河谷的两岸都是高耸的山峰。那景色看上去令人惊心动魄。"我知道地球上没有其他地方能与之相比。"宾厄姆告诉我们。不仅有许多高耸入云的雪峰，它们足足高出云层3千米之多，在大量飞溅的、湍急的、泛着光泽的、咆哮的河流之上数千米处，是大块的降雨云团；而且，与之有巨大反差的是，那里生长着大量的兰花，蕨类植物，繁花似锦的花草，以及神秘而茂盛的丛林。

一次走运事件

但是，依然没有古城的线索。然而，宾厄姆交上了一次难得的好运。一位当地的农夫告诉宾厄姆，在附近的一座山峰上有一些印加城的废墟。这些难道就是宾厄姆一直在寻找的奇迹吗？他并没有抱太大的希望。但第二天一大早，他就向那里进发了。那是一条被厚厚的

滑坡

丛林覆盖的漫长而陡峭的坡路，路上的植被太厚了，滑得难以登上去。

"当时，我们不得不手脚并用地往上爬。"他对我们的记者说，"有时只能靠我们的手指尖死死地拉住才行。在我

们的脚下，就是咆哮的急流，头顶是白雪覆盖的山峰。"

但是，宾厄姆接近自己惊心动魄的发现了吗？还是，与之擦肩而过？他并没有再费多大力气，就在一个角落里，一个奇特的场景吸引了他的目光——那就是一座印加古城的废墟，已消失了好几个世纪的古城！

梦想成真

对宾厄姆来说，这似乎就像一个梦。被荒废已久的建筑物被树林和地苔覆盖着，但他依然能够分辨出古城中的房屋和庙宇，破损的墙壁和一层层台阶。神奇的事情一件接一件……

"突然间，我们发现自己站到了两座废墟之前，它们是美洲大陆最好而且最有意义的古代建筑群，"宾厄姆说，"整个建筑物是用美丽的花岗岩建成的，墙壁是用比一人还高的整块大石头砌成的。这景色使我着迷。"

宾厄姆把这座古城叫做马丘比丘，它因建在陡峭的山顶而得名。他幸运地发现了它。这座古城正好建在河流的峡谷之后，完全被隐藏起来了。宾厄姆告诉记者，他明年还将回到那里，进行更为详细的发掘工作。想到那些将会出土的文物，真是令人感到激动。

可能他将发现那些据说被埋藏在城市之下的财宝。《环球日报》的读者们可不要错过哦。有我们的独家报道，你将会随时了解最新的、激动人心的发现。

在彩虹深处的古城

101

这就是那些声誉极高的比尔卡班巴山废墟吗？宾厄姆（错误地）认为它们就是。实际上，宾厄姆发现的是一座建于大约550年前的古印加城。他们令人惊愕的发现使得马丘比丘一举出名并出现在地图上。今天，成千上万个着迷的探险家每年都按着宾厄姆的行程，沿着印加人的足迹赶往马丘比丘。我可要发出警告了，如果你想要加入他们的行列，你就得考虑好自己的身体能够适应那里的海拔高度——它可是建在2 500米以上的高山之巅。

同时，在地球的另一侧，一些疯狂的登山家正为另一道难题而犯愁呢。忘掉这些消失已久的城市和残留的废墟吧。珠穆朗玛峰，地球上的最高峰，海拔8844米，还无人征服过。问题是：谁将成为世界上第一个登上珠峰顶峰的人？无论何人，他都需要吃大苦耐大劳，勇敢而健壮。幸运的是，下面这一故事里的两个人就出色地完成了这一使命。

坚忍的邓资与能吃苦的西拉里

1953年5月，邓资·诺加与爱德蒙德·西拉里成为有史以来最出色的登山家。在经历了一段真正苦难的旅途之后，这对勇敢的搭档终于攀上了位于中国西藏与尼泊尔交界处的珠穆朗玛峰顶峰。以前从来没有人能登上如此高的高度。也没人知道他们是否能攀上去。

历史回放

外国人把珠穆朗玛峰称为额非尔士峰，那是根据乔治·埃弗勒斯爵士（1790—1866）的名字命名的，他是最早测量该峰的人。他的绰号是"从来不休息"，因为他是位任劳任怨的驾驶员。当地人把这座高峰称为"珠穆朗玛"（"女神第三"的意思）或者"撒迦—玛塔"（"天神"之意）。

冒险家的辛酸往事

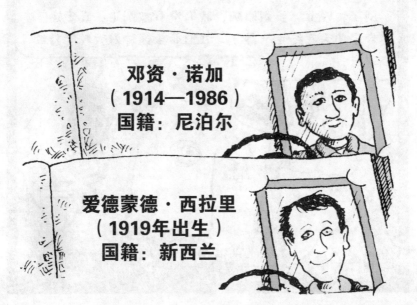

邓资·诺加
（1914—1986）
国籍：尼泊尔

爱德蒙德·西拉里
（1919年出生）
国籍：新西兰

　　勇敢的爱德蒙德·西拉里在26岁以前从未从事过登山活动。他一直忙于从事养蜂行当，无暇顾及那些陡峭的高大山峰。而对邓资而言，攀登已融入他的生命之中。他生在喜马拉雅山区，长在喜马拉雅山区，从小就把爬山当做自己生活的一部分。他俩摩拳擦掌去攀登珠穆朗玛峰，但在到达峰顶之前，他们被刺骨的严寒和凛冽的大风挡住了去路。此刻，他们必须决定，何去何从。就像用掷骰子决定生死一样。

　　够勇敢的吧？你也要像他们那样！如果邓资与西拉里在攀登过程中一直能用摄像机记录下他们每日行程的话，他们的经历就像下面所述……

去征服一座大山

1953年5月29日，珠穆朗玛峰

来自第9号营地的问候：早上好！这里是8370米的高度。现在是黎明时分，我们刚刚醒来。大家都没有睡塌实，是大风刮得睡不着。大风围着我们的帐篷足足刮了一晚上。多刺激啊，我们没有被刮跑。真走运，今早的天气终于平静了。我们希望这种好天气能持续下去。

04:00　　　REC

早餐之后，我们开始为冲击顶峰作准备。我们再三检查氧气瓶、绳索和冰镐。没有它们，我们就无法生存。帐篷里的温度仅为-27℃，西拉里的皮靴子已被冻得硬邦邦的。现在，他正在帐篷外面给它们加热，使其融化开。

我们于清晨6：30离开营地直奔南峰（那是到达顶峰之前的一个较小的山峰），去爬上这个又长又陡的大雪坡。我们俩轮流在前面担任领队——现在是邓资冲在前面。麻烦就在于，在松软而深深的雪层之上覆盖着一层薄冰壳，每走一步就会陷进雪层中。我们就像走在一个巨大的酥皮蛋糕上面。我们每向上爬五步就会往下滑三步。所以，行进是极为缓慢的。

我们在上午9：00到达了南峰——目前的情况还好。接着，是一条像刀锋一样尖锐的、通向顶峰的险道。我们不得不留心脚下——虽然山脊的两侧极其陡峭且光滑。走运的是，雪层还是硬而坚固的，我们用冰镐修出一个台阶。即便如此，我们还是用绳索互相系在一起。安全总比遗憾强吧。

09：30　　　　　　　　　REC●

但是，现在我们遇到了一个更大的问题——你可以看看我们身后。那是挡在路上的一块巨石，把我们前进的道路堵得严严实实的。它是如此的陡峭，根本找不到攀上去的路径。而且，如果我们攀不上去，那攀上顶峰的希望虽然美好但却要泡汤了。

09：31　　　　　　　　　REC●

就在我们考虑着是否该返回的时候，西拉里注意到在巨石右侧的岩石之间有一条细小的流水裂缝，一条冰帘子就在一旁。我们可真是有勇无谋，但我们决定抓住这个机会。西拉里把身子挤进那条小裂缝中，然后向上攀去。我也不能就这么干看着。如果冰化了，他就会被抛到冰川下面去。但是，他已经非常接近顶部啦。啊，真是难以置信，上啊！那意味着我也该上去啦！

10:00　　　　　REC☀

万岁，我们终于成功啦！我们胜利啦！我们所有的付出在此刻都得到了回报。就在我们的正前方，我们看到了一个小小的、被白雪覆盖着的圆丘。它看上去并不太像，但事实上它就是珠穆朗玛峰顶峰——地球的最高点。终于到啦！这就是我们向往的地方，就是我们的目光所及——除了蓝天之外，一览无余。啊，在此之前，没有人见过这种景色。神奇吧，不是吗？这是一条漫长而艰辛的攀登之路，但值啦！我们站在世界之巅！

11:30　　　　　REC☀

邓资与西拉里在顶峰只待了15分钟。由于氧气不足，他们不能在那里停留得太久。所以他们就急急忙忙地下山了。回到家以后，他们成了超级明星。你能想象得出邓资与西拉里的登山活动吗？试着快速回答下面的问题，看看你是否也能参加登山活动。

你能成为一名狂热的登山家吗？

1. 尖钉鞋是指在鞋底安上钉子，让你穿上后腿脚抽筋。

正确 / 错误？

2. 檐板是一种冰板，是新式的冰激凌吧！

正确 / 错误？

3. 登山时的制动下滑就是指下山的意思。

正确 / 错误？

4. "鸽子洞"就是鸽子们生活的地方。

正确 / 错误？

答案

1. 错误。那是因为肌肉过度活动或因寒冷、极度紧张而产生的痛性痉挛。尖钉鞋是指鞋底有尖锐而细小的金属尖钉，你可以把它绑在自己的登山靴底。穿上它在冰面上行走很方便，也不会打滑跌倒。

2. 错误。真的，它是冰的一种，但不是你能狼吞虎咽地吃的那种冰激凌。所谓的"檐板"是大风沿着一座山脊猛刮时，形成的像门帘子一样的冰板。这种冰板随时可能破裂，导致登山者顷刻丧命。

3. 正确。"制动下滑"是法语中下滑的意思。这意味着用自己的双腿和屁股与冰面上接触并阻止下滑。如果你发觉自己往下出溜得太快了，就可用冰镐当做刹车使。1986年，两位疯狂的登山者采用制动下滑的方法从珠穆朗玛峰2500米的高处滑了下来。把裤子和屁股全都磨烂啦，结果他们几个星期都没法坐。

谁在这儿弄了棵大树？

4. 错误。这里所说的"鸽子洞"是一种台阶，与鸽子没有任何关系。但这也不是你在自己家里看到的上面铺有毛茸茸地毯的那种台阶。登山家们用冰镐在光滑的冰面上开凿出台阶。登山者们往往要花费好几个小时才能在自己要爬上去的冰坡上开凿出几个台阶来。

怎么样，你全部答对了吗？

每答对一题可得10分。

40分。　祝贺你！你太能干啦，而且你最终可以登上顶峰。

20~30分。　不错啦！你虽然登不上那些特别高的大山，但你很快就能入门了。

10分或更少。　算了吧！你不适合登山。最好还是老老实实待在平地上吧。

　　自从邓资与西拉里成功登上珠穆朗玛顶峰以后，几百名狂热的登山者又陆续登上了世界屋脊。即便如此，那里依然是非常危险的地方，这对于登山专家也不例外。那里天气瞬息万变……常常变得无法预料。1996年5月，王牌登山家、新西兰人罗伯·霍尔就被困到了距顶峰仅有150米之遥的冰天雪地之中。霍尔没有帐篷，没有睡袋，也没有水和食物。他用无线电告诉妻子别着急，很快就会回到她身边的。但是，他的诺言没能实现，通话后不久他就死掉了。

　　你对处于高山之巅的，像岩石般坚强的登山家们的了解够了吗？可能你想去追踪一下勇敢的极地探险家们？有一些人将走到地球的尽头去寻找更加刺激的新发现。来吧，只有此路一条。让我们奔向地球的两极……

极地探险先驱者

想象一下，那是一个比你家冰箱的冷藏室还要冷的地方。那里会冷得让你的牙齿打战，你呼出来的气都会在你脸上和头发上结成冰。欢迎来到这、这、这死亡之地——南、北极。

那些最早奔赴极地探险的无畏勇士当时并不清楚他们要去的极地是什么样子的。即便那样也不能阻止他们的脚步。他们当中有一些人是去寻找新的通商之路的，而有一些人是为了猎取海豹和鲸，还有一些人去那里并不是为了挣大钱，他们是去寻求刺激与成功（他们从那里载誉而归）。现在看你的了，如果你不在乎赌一把生死，那就来吧，当一回极地探险先锋吧。如果你无惧死亡，你就会成为一位超级明星。而且，如果你看一看任何一张极地地图，就会发现，上面布满了探险家们的名字。一片海域，一块冰层，甚至一种海豹都可能会根据你所取得的成就而命名。遗憾的是，我们下一个所要讲述的极地探险先驱就从来没有在地图上看到过自己的名字。

无惧的富兰克林

19世纪，勇敢的英国航海家约翰·富兰克林成为家喻户晓的人物。但他的出名并不是因为他那无畏的探险经历。很不幸，富兰克林是因他的失踪而出名的。

几个世纪以来，来自欧洲的无畏的探险家们在寻找一条新的，通往东方的经商之路。麻烦在于，他们所选择的路线正好穿越北美北部那冰封的区域，还要穿越冰山漂浮的北冰洋。它被称为"西北大通道"，而且它极难被发现。

历史回放

　　英国探险家马丁·弗罗比歇爵士（1535—1594）是个闲不住的人。他坚忍、勇敢而强壮——具备了一切探险家应有的素质。1576年，勇敢的弗罗比歇起航去寻找那条"西北大通道"。他没能找到它，但在被冰雪覆盖的巴芬岛上，他发现了一块闪光的石头。弗罗比歇认定那是块黄金。在随后的两年里，他又进行了两次航行，收集了数吨重的岩石。他马上就要发大财啦。啊哈！那肯定会价值连城。或者一文不值。很不幸啊，弗罗比歇，那些玩意儿并不是什么黄金，仅仅是一些毫无价值的黄铁矿（那是铁与硫的化合物）。一些人称之为"愚蠢的黄金"。它肯定涮了可怜的老弗罗比歇一把。

113

冒险家的辛酸往事

约翰·富兰克林爵士
（1786—1847）
国籍：英国

富兰克林在14岁时，就离开家去航海了。他先到了澳大利亚，然后又3次到过北冰洋，还有北美。真是你能说起哪儿，他就到过哪儿。59岁时，他希望能好好地休息了。但是，他又率队进行了一次勇敢的探险活动，希望找到那条"西北大通道"。即使到这把年纪了，富兰克林依然喜欢这个职业。他勇敢而善良，善待每一个人。此外，他还经历了许许多多的危险，但都能化险为夷。

历史回放

在北极地区，事情不总是一成不变的（就像愚蠢的弗罗比歇见到的那样）。1818年，英国航海家约翰·罗斯（1777—1856）成为最后一位试图去发现那条致命的"西北大通道"的探险家，也是最后一位以悲惨失败而告终的探险家。他发现了一条山脉，并以英国皇家海军上将的名字将其命名为"克罗克山"。但是，第二年，当其他探险家试图再去寻找这座山时，却发现它已消失得无影无踪了。罗斯后来一直在寻找这座山脉。在他的余生里，他得了个绰号，猜猜看是什么？哼，"克罗克山"，好痛苦啊！

富兰克林出征

　　1845年5月，富兰克林率队从英国出发，他的船队由两条大船"艾里布斯"号与"特罗"号，以及130位壮汉组成。船是当时装备最先进的。他们甚至可以在船中央加热，以保证为船员们供暖。而且，船员们还随船带了只猴子而不是以往的那种随船而行的猫。富兰克林的计划是直接北上到格陵兰，然后转向西，越过北美大陆北部，穿过多个危险重重的冰雪诸岛和冰封的海峡。

约翰·富兰克林爵士的航线图

格陵兰

戈德港

巴芬岛

威廉姆
皇帝岛

哈德孙湾

加拿大

　　到了7月，富兰克林到达格陵兰并写了一封报平安的家书。目前一切尚好。两个星期之后，一艘捕鲸船看到两条船撞到了冰山上，被迫停了下来。那位好奇的船长走上甲板还与谈笑风生的约翰爵士共进了午餐。但是，恐怕这可能就是个悲剧的结局。这位勇敢的富兰克林从此就再也没人见过……

搜寻富兰克林

对于家人来说，没消息就是好消息。不过那是最初的事了。后来，随着时间的推移，依然没有关于富兰克林的任何消息，他的朋友们开始担心：可能要坏事。一支又一支搜寻队被派了出去，许多救援队也极尽全力地试图与失踪的人取得联系，搜寻的人们不放过任何线索，希望能找到富兰克林的蛛丝马迹。但情况没有丝毫好转。失踪的富兰克林的下落依然是个谜。

与此同时，富兰克林的妻子，珍妮女士却不愿放弃任何希望。她甚至向巫师求助，但在巫师的水晶球上没有任何富兰克林的消息。于是，珍妮女士就自己组织了一支搜寻队伍。他们于1857年出发，领头的是一位有着丰富航海经验的老船长弗兰克斯·麦克林托克。如果说有谁能找到富兰克林的话，那就非这位勇敢的老船长莫属了。尤其是，这位珍妮女士悬赏2万英镑寻找富兰克林的下落——这在当时可是一笔不小的数目呢⋯⋯

寻人启事

你见过此人吗？

姓名：约翰·富兰克林

最后一次露面：1845年7月

地点：北冰洋巴芬岛

★★★　　**悬赏2万英镑**　　★★★★

将赏给任何提供关于约翰爵士、他的船队或船员消息的人。

有消息请通知：珍妮·富兰克林女士

（抄送：英国伦敦，海军上将）。

注：要有确凿的证据。

搜寻工作一直持续了整整一年，但到了1859年2月间，珍妮女士得到了一个她一直担心的消息。搜索队发现了一封信，那是由富兰克林最信任的两个人在12年以前写的。这封信就藏在威廉姆皇帝岛的一块大石头下面。从这封信中，可以知道一些有关富兰克林的最后下落。信是这样开头的……

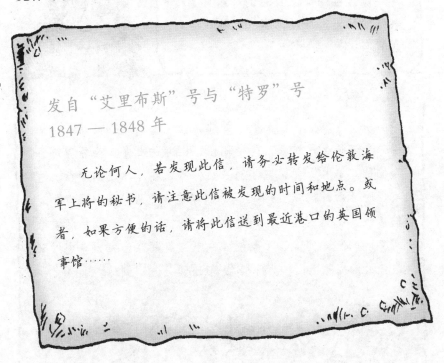

发自"艾里布斯"号与"特罗"号
1847 — 1848 年

　　无论何人，若发现此信，请务必转发给伦敦海军上将的秘书，请注意此信被发现的时间和地点。或者，如果方便的话，请将此信送到最近港口的英国领事馆……

信是这样说的……1846年夏天，他们的行程进展顺利，并且已经看到了那条"西北大通道"。然而，形势急转直下。出了什么事？是的，富兰克林干了件错事。简而言之，事实上并不是富兰克林的错误——是地图上标错了。所以把船直接引向了危险丛生的浮冰区★。到了9月间，他们迅速地远离威廉姆皇帝岛而去。富兰克林于次年6月死去。10个月之后，幸存的船员们弃船而去。他们忍饥挨饿，向南走去，希望能找到大陆。很惨啊，他们未能到达目标，一个接一个地死去了。在他们的遗骸旁边，搜寻队员们发现了他们最后晚餐的残余物，他们被迫开始了人吃人……

★ 浮冰并不是像你的手提箱那么大个儿的玩意儿。地理学家们将会告诉你，在冬季的北冰洋，海水会冻结。浮冰就是海水结冰以后再破裂而形成的，它们随着风和洋流漂流在海面上。它们对船只是极其危险的，可怜的老富兰克林就遇到了它们。

历史回放

　　第一个驾船闯过那条"西北大通道"的是挪威的王牌探险家罗尔德·阿蒙森，那是他在1906年的壮举，全凭他那条牢固的"吉拉"号，它小而灵活，可以在浮冰之间穿行。这次探险活动，花费了3年时间。猜猜看，是谁给了阿蒙森如此的勇气？不是别人，正是那位年迈的富兰克林，他是阿蒙森童年时的英雄偶像。（顺便提一下，阿蒙森已成为有史以来最伟大的探险家之一。你们在第129页还能遇到他。）

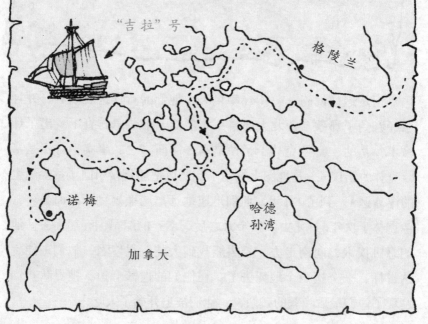

"吉拉"号

格陵兰

诺梅

哈德孙湾

加拿大

但是，发现了这条"西北大通道"仅仅是冰山的一角。北极远远未被征服。这也就是我们将开始下一个故事的原因……

坚毅的皮里

这是一个关于两个都表示自己已经到达北极的男人的故事。问题在于：他们两人中谁是最先到达的？看看下面的故事，你也可以想一想。

冒险家的辛酸往事

罗伯特·皮里
（1856—1920）
国籍：美国

皮里生性胆小而孤独。但是他的兴趣却是处理动物的尸体，所以，他没有什么朋友也就不足为奇啦。有一天，他读到了一本非常精彩的关于北极的书，这改变了他的一生。年轻的皮里被深深地吸引住了。他渴望成为一名探险家，希望成为首位到达北极的人。

历史回放

挪威人弗里德卓夫·南森（1861—1930）对可怕的北极有了完整的认识。他是最伟大的极地探险家之一。1893年，他驾驶着自己的"弗拉姆"号船穿过北冰洋，直向北极驶去。这艘船是为穿越北极而特别设计制造的，即使撞上了海上的浮冰也不会沉掉。他的北极探险计划开展得很顺利。

1895年3月，南森与一位助手下船，开始向北极进发。

他向北极挺进得比以前任何人都要远，但都在极地外围停了下来。然后，情况就变得糟糕起来。他们不得不与北极熊相伴为生。在北冰洋里度过那滴水成冰的寒冷冬天后，直到第二年的6月，倒霉的南森才获救。

哈！哈！

皮里参加了美国海军，但幸运的是，他的上级给他留下了充足的时间供他去探险。他一共进行了9次北冰洋航行，一次比一次更接近北极。他曾两次试图接近北极极点，但严寒的气候迫使他不得不返回。坚毅的皮里险些被饿死，而且被冻掉了5个脚趾头。就在他脱掉袜子时，5个脚趾头就齐刷刷地一起掉了下来！多可怕啊！

这两只袜子好像有点儿沉啊！

嘎！嘎！

但是，皮里却十分刚毅，要他放弃努力，那是不可能的。不论是否还有脚趾头，他都要坚持走下去。

1908年7月，皮里再次扬帆起航，向北冰洋进发。这是他能到达北极极点的最后一次机会了。这位坚强的皮里会有第三次幸运吗？

历史回放

当地的北极人被称为"因纽特人"（爱斯基摩人）。他们在那里已经生活了好几个世纪了，而且是对付严寒的行家里手。皮里认为（正确！）他最好的生存机会就是像当地人那样生活。所以他与一些因纽特人交了朋友而且学会了最有用的生存方式。比如学会驾驶狗拉雪橇，建造用冰雪堆成的小屋，缝上几件用海豹和北极熊皮制成的昂贵大衣。想想看，你能做到其中的几件？

第三次走运吗？

1909年初，皮里与他的探险队在冰天雪地的埃尔斯米尔岛上安营扎寨，那里距格陵兰岛不远。他们花了好几天时间，忙着准备奔赴极地的给养。不久，皮里出发了。旅途是充满危险的。他脚下那脆弱的冰层随时都可能裂开，让他掉进冰冷的海水中。他曾经不得不花6天时间等待海水结成冰，才能走过去。

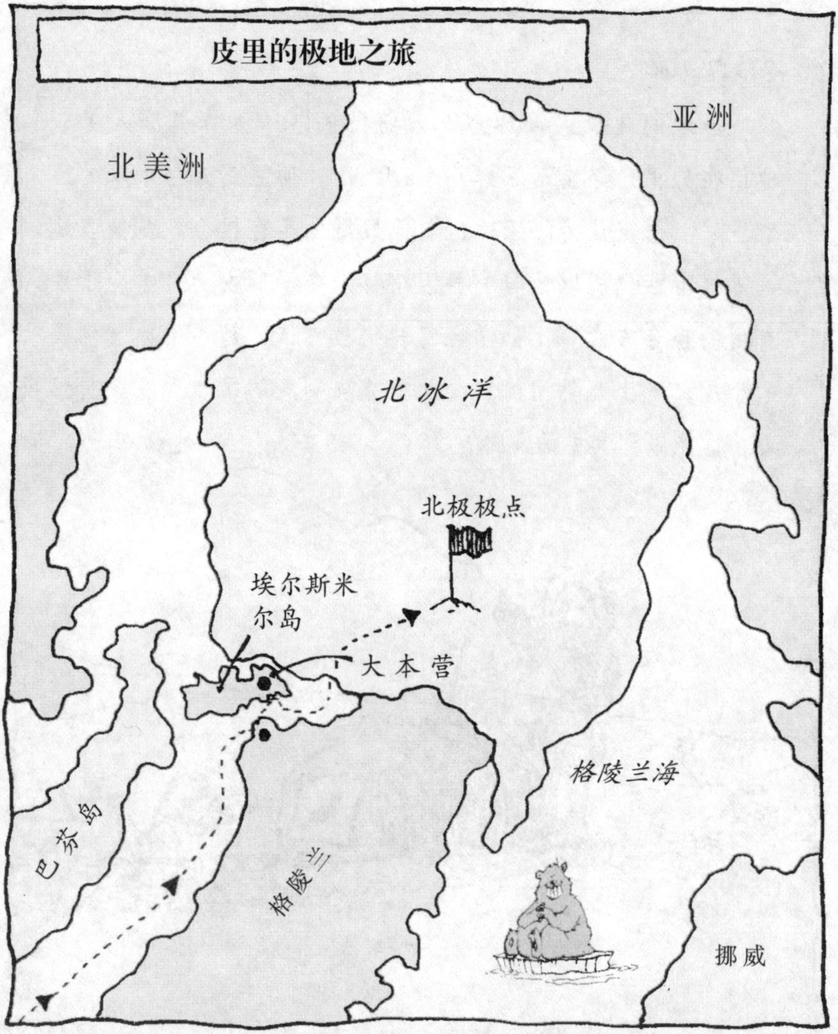

皮里的极地之旅

北美洲

亚洲

北冰洋

北极极点

埃尔斯米尔岛

大本营

格陵兰海

巴芬岛

格陵兰

挪威

　　终于，在4月2日，皮里准备向极地作最后的冲击。与他在一起的有4位因纽特人和他忠诚的探险伙伴马修·汉森。在接下来的5个阴暗的日子里，这几位壮汉一直在行进着。真走运，他们进展得很顺利。冰面又坚实又平整，雪橇跑得又快又稳当。1909年4月6日，这是皮里期待已久的日子。他终于筋疲力尽、摸爬滚打地到达了北极。皮里与同伴竖起了一面美国国旗并拍照留影。然后，就返回大本营啦。真惨，那里可没有滑梯，他们花了整整18天时间才返回了基地。

　　这么看来，是坚毅的皮里最先到达北极，并永载史册的。还能有别人吗？正当皮里返程回乡的时候，另一位无畏的美国探险家也在为自己率先到达北极而欢呼庆祝呢。

库克的声明

　　就在皮里的成功被新闻所关注时，另一位极地探险的先行者，弗里瑞克·A.库克（1865—1940）也在举行晚宴，庆祝他对北极的新发现。为了争得这份荣誉，库克声称自己于1908年4月21日到达北极的，比皮里早了整整一年。库克在听到皮里成功的消息时非常冷静，他希望此事能得到仲裁。但皮里却气得脸发青。他声称库克是一个骗子，是一个撒谎分子，而且要求澄清事实真相。

　　几个月以来，极地事件成为头条新闻。两人都指出，要求最具权威的探险家俱乐部对此事进行仔细核查。但谁说的是事实呢？甚至连地理学家们也拿不出证据，而且也不能服众……

库克并不是最早到达的。有人问了与他同行的因纽特人。他们说是停留在距北极还有几千米的地方，而且，他们还被勒令保密。噢，原来那里就是他所谓的北极，而并不是真正的北极。

皮里先到的北极！

皮里根本不可能到达北极。他的证据不足。他解释说是以一条直线前进的。但你在漂浮的冰面上根本无法做到这一点。此外，皮里也不可能像他说的那样，那么快就从北极回来的。不可能的事！

库克赢啦！

库克，我们相信你！

噢，难解之谜，不是吗？你会相信谁说的呢？下面就是出现在报纸上的故事。

1909年10月
环球日报
美国纽约

在麦肯林行骗的骗子库克

狡猾的库克

探险家昨晚被一件令人震惊的事情震撼了。弗里瑞克·A.库克博士对自己征服北极的庆祝，被证明是一场大骗局。

3年前，我们是报道过库克博士是如何首次完成了对北美最高的山峰——麦肯林峰的探险的。一夜之间，他那神奇的经历使他变成了英雄。但是，《环球日报》现在可以披露：库克的行为是一场骗局。

根据爱德华·巴利尔称，他们根本就没有到达那座山的顶峰。

事实上，在顶峰上的照片是在另一座山上拍的。更有甚者，他们所谓的日记哦，那是在那位库克博士的命令下编出来的。

现在，库克博士并不能接受询问。据说他已羞愧地离开了纽约，跑到欧洲去了。但是，竞争对手——探险家罗伯特·皮里队长告诉我们的记者，"好啦，现在都证实了。他是不可能到达北极的。他一直都在撒谎。"

库克一下子就名声扫地了，他垂头丧气地在羞耻中度过了余生。地理学家们认可了皮里的成功，虽然也没有什么过硬的证据能表明他们的确到过北极。就这样，事态也就平息下来了。至少表面上是平息了吧。一些人依然认为皮里在撒谎而且他根本也没有到过北极。

历史回放

如果你认为皮里到过北极的事情靠不住的话，往下看吧。1926年，意大利人翁贝托·诺毕尔（1885—1978）驾驶着一只飞艇（就像一个巨大的热气球）飞过北极上空。他的乘员包括著名的助理飞行员罗尔德·阿蒙森和诺毕尔喜欢的宠物狗——提提纳。这条被溺爱的狗后来成为第一条两次去过北极的狗。这次飞行获得了极大的成功，诺毕尔也载誉而归。但在两年以后他的第二次飞行中，却吃了大亏——他的飞艇撞到了冰上。诺毕尔本人获救脱险，但随行的17个人却丧生了。

同时，在地球的另一端，对南极的探险也拉开了序幕……

无畏的阿蒙森

毫无疑问，罗尔德·阿蒙森是世界上最伟大的探险家之一。那为什么，当他开始自己最大胆的旅行探险时，却决定不告诉任何人他要去何方呢？

冒险家的辛酸往事

罗尔德·阿蒙森
（1872—1928）
国籍：挪威

当阿蒙森才15岁时，他就阅读了由富兰克林撰写的激动人心的书，并被极地探险的事深深地震撼了。他秘密地开始了自己第一次远足的准备工作。冬天，他把卧室的窗户全都打开。（他告诉妈妈，这样可以吸到足够的新鲜氧气，啊哈！）他还疯狂地从事脚板练习和滑雪训练。

阿蒙森曾经行过医，但他还是放弃行医而成了一名探险家。他立志成为一名远航南极的航海家。但很不幸，船撞上了冰块，阿蒙森不得不在那里过冬了。但即便如此，他也没有放弃。不久，他就计划了自己最大胆的旅行——去可怕的北极探险。然而没过多久就得到了一个令他震惊的消息——皮里已第一个到达那里！你能想象得出阿蒙森的新决定吗？

a）他还是去了北极吗？

b）他完全放弃了自己的努力，只待在家里了吗？

c）他秘密驾船向南极驶去了吗？

答案

　　c）抱负不凡的阿蒙森立即放弃了他的北极冰上探险计划。但他并没有告诉任何人。1910年6月7日，他驾驶着从南森（还记得此人吗？）处借来的一条坚船"弗拉姆"号从挪威起航了，而且向——南，而不是向北！只有此时，他才给那些迷惑不解的船员讲出了真相。他告诉他们如果水手当中没有一个人中途离船的话，他们就可以拿到全额工资。

向南起航

　　干劲十足的英国探险家罗伯特·戈尔科·斯科特（1869—1912）队长已经准备好了以他自己的方式向南极进发了。他得知阿蒙森改变计划是因为他收到了一份麻烦的电报……

　　我不得不通知你。"弗拉姆"号正向南极进发……

　　你可以想象得出斯科特有多么恼火了吧。但开弓没有回头箭——对南极的竞争已经开始了。

　　"弗拉姆"号离开挪威6个月以后，在罗斯冰架的鲸鱼湾登陆（那是一块巨大的浮冰，面积与法国大小差不多）。阿蒙森与他的队员们在那里安营扎寨，以他们那条牢固的大船给那里起名："弗拉姆亨姆"，并在那里度过了一个漫长而寒冷的冬天。大的冰块可不像你所见过的一样，聪明的阿蒙森知道自己该做什么。

他所在的地点距离南极要比斯科特的近100千米，而他再也没有前进过！聪明吧，不是吗？

在等待春天到来之前，他们有充足的时间。他一直忙着储备食品，以勇敢地应对刺骨的-50℃的严寒。

终于，在10月20日，漫长的等待结束了。阿蒙森率领着4位壮汉、52只狗和4架雪橇，满载着供养，向南极进发了。他战胜了斯科特吗？他此行能活着回来吗？在哪里可以找到比阿蒙森的探险日记更为可靠的答案呢？别着急，我们会特别为你把挪威文翻译过来的（阿蒙森的真实日记与下面的虽有不同，但基本如此）。

历史回放

在你被冻僵之前，这里有一些关于狗的故事。是的，关于狗的。但这并不是那种把你爸爸最喜欢的花草给捣烂、咬碎的宠物狗。噢不，这些绝顶的爱斯基摩犬产自格陵兰。精通狗道的阿蒙森知道越过冰层最快的方式是乘狗拉的雪橇。所以他让这些爱斯基摩犬去干所有的苦活。这些狗坚强、训练良好而且体格极为强壮。每一组10条爱斯基摩犬每天可以拉着雪橇跑50千米，后面还拖着人和物。所以，没有理由让狗太累了！

顶级狗

我的官方南极日记

—— 罗尔德·阿蒙森

1911年10月22日，罗斯冰架区

两天以来天气糟透了。我们在漫天飞雪中无法看清东西，其中的一架雪橇翻到雪洞中去了。谢天谢地，我们奋力把它又拖了出来。上面有我们精确计算过的供养。如果损失掉了，那可就惨啦。我们没有携带任何备用的。

1911年11月17日，横贯南极山脉

啊哈！我们已经走完了一半路程，而且我高兴地看到我们的进展很顺利。天气也变得好了些，而且正在变得更好一些，这些犬也干得很出色。

如果我们像它们那么负重前进，那可就没时间啦。我们将无疑会击败那位动作迟缓的斯科特。上帝保佑！

129

1911年11月20日，阿克塞尔——海伯格冰川

我在骗谁呢？讲讲最后那一句著名的话吧。那让我们花费了整整4天时间爬上又爬下，全都消耗在这倒霉的冰川上了。上帝知道我们该怎么办的。这是一个又光又滑的大坡。大坡上布满了被雪覆盖着的大坑、巨大的石块和冰块。太可怕了。噢，好消息是我们已经到达了南极高原★。目标不远啦。

★ 南极高原是一块环南极大陆分布的巨大而平缓的冰层。

1911年11月21日，"屠夫"商店

昨晚安营扎寨后，我们不得不把一半狗打死。好用狗肉充饥。虽然这是事先得到同意的，但也是件痛苦至极的事。我们用狗肉当了晚餐。实际上，我真的不愿这么说，但狗肉的味道可真香啊。

是啊，我知道这么做太残酷而且太没心肝了。尤其是你的宠物正蜷着身子和你一起偎在沙发上时。但是，我恐怕在极地是个狗吃狗（人吃人）的环境。阿蒙森没时间去多愁善感，要不然就会被饿死啦。此外，新鲜的狗肉对于防止坏血病（还记得那种可怕的疾病吗？）是再好不过了。对不起啦。

什么？

1911年11月26日，南极高原

　　多可怕的噩梦啊！就在我们准备撤离时，突然变天啦。太可怕啦！猛烈的大风夹着冰雪横扫了整个高原。4天以来，我们只能躲在帐篷里面。后来我们决定大胆地冒一次险。我们还有个"魔鬼冰川"没有攀上去呢。我只希望它可别像这个名字这么可怕。

1911年12月8日，南极高原（续前）

我们花了3天时间才艰难地走过那座冰川。情况要比我想象的困难得多。好几条狗跟着人一齐掉进冰窟窿。我们花了好几个小时才把它们一一拉上来。

情况似乎有些好转了。天气完全改变了，猜猜，发生了什么？我们看到了灿烂的阳光和蔚蓝的天空。

什么也无法破坏我们现在美好的心情了。是的，什么也不能啦。我们中有人认为我们已赶到了斯科特前面。是的，很幸运，你所看到的情景是真的。

1911年12月14日，南极

我们成功了。我们终于成功啦。我真的无法相信我们已到达这里——南极！我们都激动得说不出话来了。我们都不知道说什么才好。所以我只能用握手来代表一切。然后，我们在雪地上竖起挪威国旗，并摆好姿势拍照。

这里没有任何斯科特曾经到过的痕迹，但我们给他留下一封信和一些供养。对了，现在我得留下一些标志以证明我们真的到了那里。

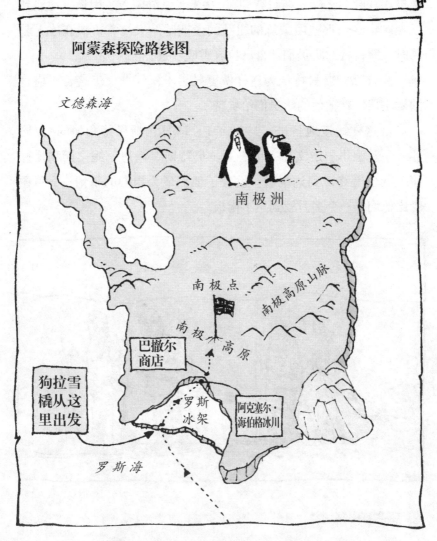

阿蒙森探险路线图

文德森海

南极洲

南极点

南极高原山脉

南极高原

巴撒尔商店

狗拉雪橇从这里出发

罗斯冰架

阿克塞尔·海伯格冰川

罗斯海

阿蒙森在南极停留了3天，然后又率领着自己的同伴们踏上了返回基地的漫长旅途。6个星期之后，他们到达弗拉姆亨姆，平安，无惊无险。令人不可思议的是，他们仅用了3个月时间就完成了这次历史性的2 500千米的南极之旅。多么惊人的成就！

斯科特第二个到达南极

那么，斯科特队长现在在地球的何处呢？就在阿蒙森一行在南极欢呼胜利之际，斯科特却在640千米之外陷入了困境。他遇到了大麻烦，当那些阿蒙森的粗壮的爱斯基摩犬拉着雪橇在冰上驰骋时，斯科特的队员们却自己拉着雪橇行进。

为什么？斯科特认为这样做更显男子汉气派。但这苦不堪言的做法很快就把他的队员们给坑苦了。

就这样缓慢地行进，1912年1月17日，斯科特和他的4位同伴——爱德华·埃文斯、劳恩斯·奥特斯、勃迪·鲍文斯和爱德华·威尔逊终于到达南极。发现了他们最为担心的事情——阿蒙森比他们早一个多月就到达了南极。

噩梦般的旅途

带着极为沮丧的心情，斯科特与他的伙伴们踏上了归途。坏血病和冻伤使这5个人的身体迅速垮了下来。埃文斯也于2月17日掉入一个大坑而身亡。奥特斯的双腿被严重冻伤，他觉得自己都无法行走了，也不让同伴背着，他遇到了一场大风雪，从此就消失得无影无踪。到了3月中旬，食品与燃料都所剩无几了。更困难的是，天气变得更恶劣了，风夹着暴风雪。3位幸存者，斯科特，威尔逊和鲍文斯只能躲在帐篷内，等待着天气好转。但是，饥寒交迫，加上疾病，到4月底，3人全部身亡。他们的帐篷和被冻僵的尸体直到第二年11月才被一支救援队发现。这些可怜的人们根本没想到，一个食品与燃料的补给点距他们仅仅不到20千米，有了这些补给，他们就能活下来了。

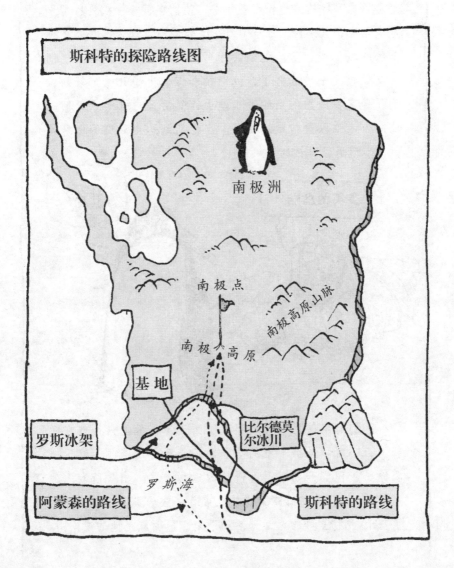

斯科特的探险路线图

南极洲

南极点

南极高原山脉

南极高原

基地

罗斯冰架

比尔德莫尔冰川

罗斯海

阿蒙森的路线

斯科特的路线

历史回放

斯科特探险队的另一名成员阿普斯利·切里—杰拉德（1886—1959）并没有在极地探险中遇难。而且他也在极地探险中写下了自己人生辉煌的一笔。在那个先到的冬季（还记得吗，在南极大陆，季节是与北半球相反的，所以冬天是在6月和7月间），"幸运的"威尔逊与鲍文斯已经为自己那可怜的旅途作准备了——他们在搜集企鹅蛋！那里奇冷无比，气温降到了−70℃。但那还不仅仅是那种能冻掉下巴的冷。噢，不。他们的牙可真是给活活冻掉啦。他们的双腿也几乎给冻坏了，他们拉着雪橇走了90千米赶到位于开普克罗泽角的企鹅聚集地去，然后又走90千米返回。他们令人难以置信地忍受了。当他们到达企鹅群的栖息处时，却遭遇了可怕的暴风雪。

他们的帐篷已被大风刮跑了两天了，他们只能躲在睡袋里，唱着《圣经》里的圣歌而等待死神的降临。终于，风停了，他们开始艰难而漫长的返程之路。出乎所有人的意料，他们平安而健康的并且带着一些珍贵的企鹅蛋回到了基地。切里非常幸运地活了下来。下面就是他的谈论：

"极地探险是经历你自己设计的一段糟糕时间的最便捷和最孤独的方式……"

切里后来写了一本销量极佳的书，专门讲述此次动人心魄的南极之行。书名令人望而生畏，概括了这次挑战南极的无法用语言表达的艰险——《世界上最艰险的旅途》。

斯科特以这种无比的勇气和过人的判断力完成的这次悲惨的探险经历是很难被别人超越的。即使对于我们下一个将要讲述的、坚强得好似一枚硬核桃般的探险家来说，也是如此。很幸运，他在极其危急的情况下，从极地探险的困难中逃脱……但可是命系游丝啊。

颤抖的沙克尔顿

探险家恩斯特·沙克尔顿并不相信什么撞大运的事情。当他需要招募一些人完成自己最近一次可怕的极地之行时，很简单，就在报纸上登了份招聘广告。

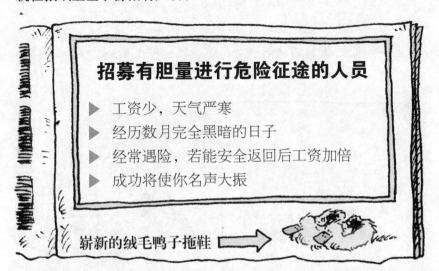

招募有胆量进行危险征途的人员

▶ 工资少，天气严寒

▶ 经历数月完全黑暗的日子

▶ 经常遇险，若能安全返回后工资加倍

▶ 成功将使你名声大振

崭新的绒毛鸭子拖鞋 ➡

不可思议，5000人前来应聘。沙克尔顿从中挑选了28位勇士。

冒险家的辛酸往事

恩斯特·沙克尔顿
（1874—1922）
国籍：爱尔兰

　　年轻的恩斯特在学校里常常会捅娄子。他的老师说，恩斯特常常把大量的时间花费在做白日梦上。的确，这话说对了。在恩斯特的梦中，他从来不把心思放在这烦人的功课上。他最终成为一名顶级的极地探险家，猜猜，是什么原因呢？噢，他的梦想成真了。当恩斯特16岁时，就常到海边去看大海。他几乎两次到达南极（一次是与斯科特队员前往的），他都被可怕的天气困住了。现在，信心十足的恩斯特又有一个新而大胆的计划。他要完成从威德尔海到罗斯海冰封的南极大陆的跨越。沙克尔顿用几个月的时间筹集资金，为此行作准备。1914年8月8日，"老板"★恩斯特与他的队员们从英格兰起航，他们的坚船命名为"安杜拉斯"号。

　　★"老板"是沙克尔顿的绰号。但他并不是一个爱发号施令的老板。沙克尔顿是一位天生的帅才。但他从来不苛求自己去做任何不愿干的事情。所以，他们都非常愿意与沙克尔顿同甘共苦。

这听上去很令人激动，不是吗？你愿意同往吗？沙克尔顿的计划是从威德尔海的瓦瑟尔岛登陆，然后花100天时间，让狗拉雪橇来完成这次穿越行动。另一条船将在罗斯海的麦克默多桑德等待接应他们。

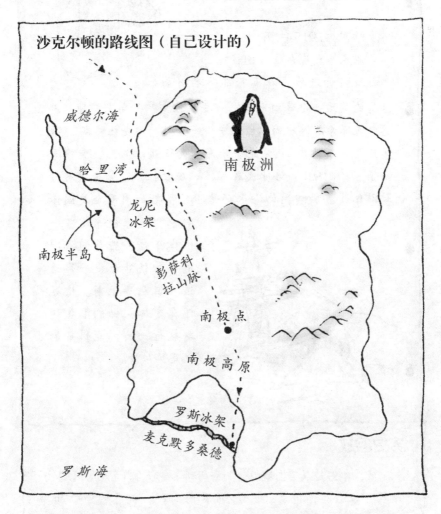

沙克尔顿的路线图（自己设计的）

威德尔海

哈里湾

南极洲

龙尼冰架

南极半岛

彭萨科拉山脉

南极点

南极高原

罗斯冰架

麦克默多桑德

罗斯海

在他的前面，横亘着一条艰苦而危险的征途，以前从来没人尝试着走过。幸运的是，沙克尔顿与他那些勇敢的队员对此行充满了坚定的信心。但是那些只是事先预想的。你看，从他们那大胆的旅行一开始，就没有精确地按计划进行……

冰封的南极

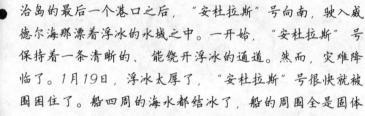

极地进展报告01

时间: *1915年1月*

地点: *威德尔海，南极*

目前的进展: *在离开那个名叫南乔*

治岛的最后一个港口之后，"安杜拉斯"号向南，驶入威德尔海那漂着浮冰的水域之中。一开始，"安杜拉斯"号保持着一条清晰的、能绕开浮冰的通道。然而，灾难降临了。1月19日，浮冰太厚了，"安杜拉斯"号很快就被围困住了。船四周的海水都结冰了，船的周围全是固体

的冰，就像被冻成了一根棒棒糖。船员们试图用镐和铁锹开出一条通道，但无济于事。情况还在变坏，他们依然还要航行一天才能到目的地瓦瑟尔湾。

历史回放

　　威德尔海是以英国航海船长詹姆斯·威德尔（1787—1834）的名字命名的，他曾于1822年驶向南极，去寻找海豹和狩猎。对于威德尔来说，真是太幸运了，那年的天气真是出人意料的风和日丽。威德尔曾写道："没有见到任何所描述的那些个冰山……"我们猜想，沙克尔顿希望自己能有当年威德尔一半的好运就知足了。

极地进展报告02

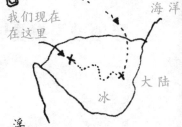

我们现在
在这里

海洋

大陆

冰

时间：1915年10月

地点：威德尔海，南极

目前的进展：几个月来，浮冰拖着我们的"安杜拉斯"号离南极大陆越来越远。我们不得不在被困的船上过冬了。船员们甚至无法告诉任何人自己在哪里——船上的无线电坏了。当春天来临时，他希望能找到一条穿过冰层的清晰通道。但是，春天姗姗来迟。沙克尔顿试图使船员们具有高昂的斗志。他们在冰面上玩足球以消磨时间，但是烦恼很快就出现了。每天，冰层都在船的四周加固。很快，船就被弄出了一条又一条的大裂缝。10月27日，沙克尔顿不得不下令弃船。

极地进展报告03

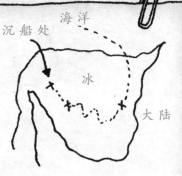

沉船处

海洋

冰

大陆

时间：1915年11月

地点：威德尔海，南极

目前的进展：船员们在抢救，他们尽量把货物从船上搬到雪橇上去。他们还拖下了3条救生艇。然后，他们在冰面上搭起了帐篷。沙克尔顿穿越南极大陆的好梦化为泡影。他告诉那些沮丧的队员们，他们将试图返回了。随后，11月21日，他们眼睁睁地看着"安杜拉斯"号终于沉入了可怕的冰层之下。

141

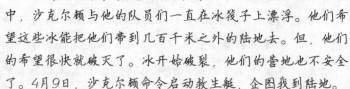

极地进展报告04

时间：1916年4月

地点：象岛

目前的进展：在过去的6个月中，沙克尔顿与他的队员们一直在冰筏子上漂浮。他们希望这些冰能把他们带到几百千米之外的陆地去。但，他们的希望很快就破灭了。冰开始破裂，他们的营地也不安全了。4月9日，沙克尔顿命令启动救生艇，企图找到陆地。

　　虽然双手都冻坏了，但队员们个个依然奋力划船。到了晚上，他们又在一块冰上宿营，但这是一个可怕的赌注。一天晚上，冰层突然裂开，钻进睡袋里的一个人落入冰冷的海水中。还算幸运，沙克尔顿指挥大家把他拉了上来。几秒钟之后，浮冰再次包围了他们。从那之后，他们就一直睡在船上。6天以后，他们到达了那座孤零零的象岛。那是他们出发探险一年半之后第一次双脚踏上坚固的陆地。人人筋疲力尽，加上饥饿，已近衰竭。

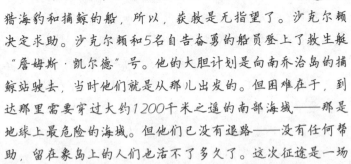

南乔治岛

南部海域

极地进展报告05

时间：*1916年4月*

地点：*南部海域*

目前的进展：*在象岛附近没有见到捕*

猎海豹和捕鲸的船，所以，获救是无指望了。沙克尔顿决定求助。沙克尔顿和5名自告奋勇的船员登上了救生艇"詹姆斯·凯尔德"号。他的大胆计划是向南乔治岛的捕鲸站驶去，当时他们就是从那儿出发的。但困难在于，到达那里需要穿过大约1200千米之遥的南部海域——那是地球上最危险的海域。但他们已没有退路——没有任何帮助，留在象岛上的人们也活不了多久了。这次征途是一场噩梦。强大的风浪和可怕的狂风猛烈地击打着这条小船。

厚厚的冰层夹击着甲板，海水在小船上结成了冰，小船摇摇欲沉。船员们浑身湿透，很快就被冻僵了。他们的睡袋也结满了冰，所以他们找不到任何能保暖的地方休息。而且，在茫茫的大海中，找到一个小小的孤岛真像在一个干草垛子里寻针一样难啊！

极地进展报告06

　　时间：1916年5月

　　地点：南乔治岛

　　目前的进展：经过14天海上生死拼搏之后，船员们终于看到了陆地。此刻，两个人已经奄奄一息，濒临死亡。但要安全登陆还为期尚远。狂风刮着小小的救生艇向岸边的峭壁冲去，一旦撞上，小船肯定粉身碎骨，在那犬牙交错的岩石上化为碎片。那肯定就是此行的终结了。

　　随后，又过了3天，到了5月10日，他们把小船划进了一个能遮风挡浪的港湾。现在，可以有一个美好而较长时间的休息了。但他们的悲惨生涯还没有结束。很不幸，那个捕鲸站在……在南乔治岛的另一侧。

极地进展报告07

　　时间：1916年5月

　　地点：南乔治岛，思特罗姆内斯湾

　　目前的进展：5月20日下午，3个男人步履蹒跚地进入了南乔治岛上的思特罗姆内斯湾。他们肮脏不堪，目光中充满了野性，衣衫破烂，把他们遇到的第一个人给吓坏了，以致落荒而逃。在随后的36个小时中，他们马不停蹄地越过被冰川覆盖的山峰，向捕鲸站赶去。他们能够活下来就是一个奇迹。尤其是，他们仅有的工具就是一条麻绳、一个冰镐、一只帐篷内使用的火炉，以及配给他们的、装在袜子里的三天的口粮。他们没有导航的地图。他们中没有人以前曾经穿越过该岛。但他们终于获救了。

极地进展报告08

南乔治岛

象岛

南极洲

时间：1916年8月

地点：象岛

目前的进展：在进行了3次错误的尝试以后，沙克尔顿又返回象岛，去营救他那几位留在岛上的同伴。自从分手以后，他们经历了可怕的磨难。他们被迫在反扣过来的救生艇下面过冬，以海豹的骨髓和海藻片为食。他们几乎对自己的获救不抱任何希望了。当他们望到沙克尔顿的船时，都无法相信自己的眼睛啦！

　　至此，颤抖的沙克尔顿的非凡经历有了一个完美的结局。令人不可思议的是，他和他的无畏的探险伙伴们的获救大大出乎人们的意料。在这次最伟大的极地探险过程中，居然无一人丧生。

历史回放

　　对沙克尔顿来说，真的挺悲惨的，他们穿越南极大陆的计划真的仅仅成为一个梦想并且完全破碎了。但勇敢的英国探险家维维安·富克斯（1908—1999）却在沙克尔顿惨败之处大获成功。在1957—1958年间，富克斯率领探险队首次完成了从威德尔海到罗斯海的穿越南极大陆的探险。旅行用的是"雪地猫"（是一种卡车，装有金属履带，像坦克一样）和狗拉雪橇。富克斯和他的12名男性队员在99天内行程3500千米。

你带路线图了吗？

你能成为一名极地先驱探险者吗？

　　如果有人给了你一块旅行用的干肉饼，你会怎么办？

a）吃了它？

b）穿上它？

c）拿去喂狗？

答案

　　a）与c）都对。这种干肉饼是一种营养丰富的食品，极地探险者们（还有他们的狗们）常常狼吞虎咽地吃它。它含有丰富的能量，可以让人和狗保持体温。觉得可笑吗？想用几块干肉饼就着茶喝喝吗？下面就是它的配方。

干肉饼的配方

成 分：

☆　干肉（鹿肉或马肉）

☆☆　脂肪或猪油

☆☆☆　压缩饼干

☆☆　洋葱或其他蔬菜（可自选）

☆　咖喱粉（可自选）

制作方法：

1. 将上述所有成分混合在一起。

2. 装入一个箱子或盒子中。

　　注意：这就是全部成分与制法。容易吧，不是吗？你不必把它做熟，它可以存放多年。所以它是长途雪橇旅行的极好食品。而你若想这是学校的晚餐，那该多好啊！

　　好啦，你看够了冰天雪地里发生的险情。是不是想换换节目呀？找一些美好而平静的地方，在那里你可以静静地顺流而下并浏览观光。好，你够走运。来吧，上船。下面还有几个地方呢 —— 跟着迈尔斯去闯荡吧！

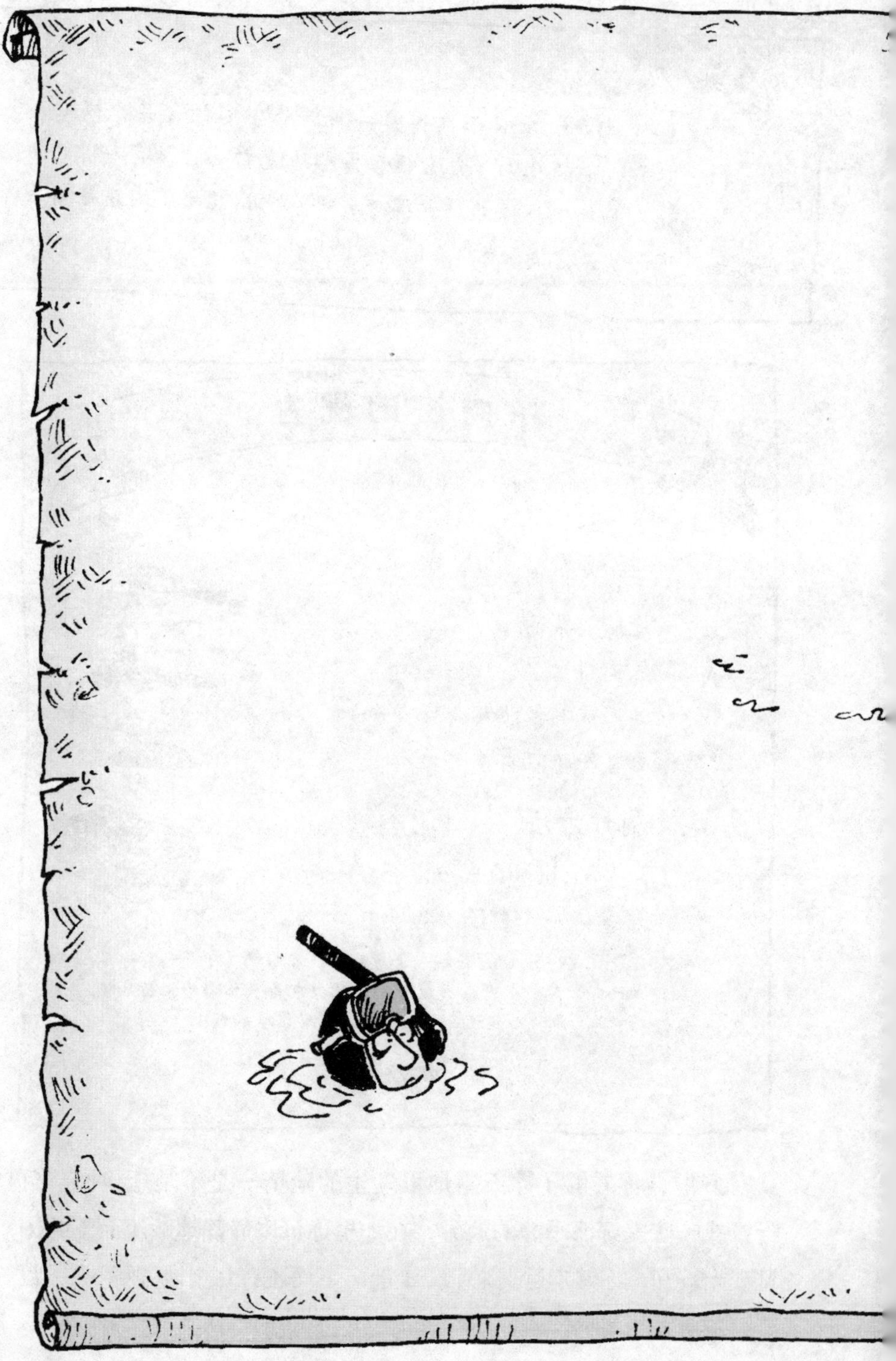

大河漂流者

经历了一天漫长而难熬的学习以后，还有什么能比静静地躺在河上更减压，更放松的呢？这里风景如画。鸟儿在啼鸣，鱼儿在欢跳，水面在阳光下波光粼粼，你仿佛回到了过去的时光。哪里能比这里更惬意呢？但是，在你享受舒适之前，可别忘了——河流并不总是那么甜甜蜜蜜和阳光明媚的。有些河流可是地球上最暴躁的，它会突然变得奔腾咆哮，导致决堤和泄洪，有的河里还有吃人的大鳄鱼。那就是为什么会有那么多无畏的探险家结队而行去探险的原因，就像围在果酱三明治四周的蜜蜂一样。他们已经无法自拔。所以，下面的故事里，你将会与这些锲而不舍的、充满幻想而且无畏的大河漂流家打打交道啦。他们可不在乎什么危险。但不管怎么说，事实上他们已经陷入困境不能自拔了。还有胆量跟着去漂流吗？

好漂亮的一条狗啊！

历史回放

　　苏格兰探险家约瑟夫·汤姆森（1858—1895）进行了一次愚蠢但出色的旅行。在那次对非洲的几条大河进行的探险中，他遭到了当地人不友好的伏击。但是好开玩笑的约瑟夫并没有试图去反击，他只是突然从嘴里拽出两只假牙。我可没跟你开玩笑。千真万确！那几个袭击他的人给吓坏了，撒腿就跑了。

我可从来没见过这么可怕的牙呀！

悠闲的雷利

　　与那位爱开玩笑的约瑟夫·汤姆森一样，英国王牌航海家沃尔特·雷利也爱好冒险，有时也挺豁得出去的。但在寻找位于南美大陆的传说中的埃尔多拉多圣城的途中，这位悠闲的雷利可有点把握不住局势了。

冒险家的辛酸往事

沃尔特·雷利
（1554—1618）
国籍：英国

　　还记得那些西班牙占领军吗？在16世纪中叶，他们侵入南美洲，杀人放火，抢劫财宝，是的，英国女王伊丽莎白一世气得嘴脸发青。西班牙是英国的劲敌，而里茨女皇急切地想要插手英国在南美的掠夺活动。所以英国女王决定派出自己最忠诚的海军舰长——沃尔特·雷利爵士去抢夺这些财宝。敏锐的沃尔特爵士及时地抓住了这个机会。（实际上，他别无选择，如果他拒绝前往，女王就会下令砍下他的脑袋，那他的脖子可就该真的痛啦。）

　　1595年，沃尔特爵士出发前往南美。他的使命是去寻找传说中的城市埃尔多拉多——传说那里因隐藏着巨额财富而闻名天下。那座传说中的神秘城市被深深地掩藏在哥伦比亚茂密的热带雨林之中。雷利对它的所有了解仅仅来自于一份西班牙人的报告，该报告可能如下所述：

古老的埃尔多拉多城的传说

　　埃尔多拉多城据说位于波哥达附近的瓜塔维塔湖一带。传说中，在古代那里每年都要在湖上举行庆典活动。有一年，一位当地的国王乘木筏子在湖上游玩，随船带了大量闪闪发光的黄金和祖母绿宝石。这位国王从头到脚都撒着用黄金制成的闪闪发光的金粉。这就是他取名为"埃尔多拉多"的原因（在西班牙语中，就是"黄金男人"之意）。当船行驶到湖中心时，这位国王把他的无价之宝统统扔到了湖水中，以奉献给众神。

这是我未来的花销吧！

历史回放

　　传闻说，这个湖底肯定铺满了无价的黄金和宝石。简直就是名副其实的聚宝盆。数百支西班牙探险队前往那里去寻找宝藏，他们都遇到了一个小小的困难——怎样才能把那些黄金弄到地面上来？1545年，吉米尼兹·昆撒达甚至试图想把湖水排干。当然啦，他并没有亲自这么去做。那活儿可太重了。他组织了一干人马，用掏空了心儿的葫芦（一种巨大的蔬菜类植物）来代替水桶淘水。终于成功了——他用这种方法硬是让湖面下降了3米，并找到了数千枚闪光的金币。

奥里诺科河上游

　　经历了艰辛的跋涉以后，雷利损失了两条船。他们在特利尼达上了岸。在那里，他向当地的西班牙移民放了一把火，并将他们的头领捉了起来，以显示谁是真正的主人。然后，他就准备展开搜宝行动。被捉的头领对雷利提出了警告——穿过热带雨林的唯一路线是沿着那条可怕的奥里诺科河前行。他必须面对那些极不友好的当地原住民和凶猛的野生动物，并且还要冒着随时都会迷路的危险。但这没有吓倒雷利。按照这位头领和几位当地人的指点，雷利和队员们乘独木舟出发了。这是一条充满艰辛的旅途。他们遭受了蚊虫的攻击，还在一条纵横交错的水湾中迷了路。是的，他遭到了严重打击。

　　他们苦苦奋战了三个星期，仅仅发现了一点儿没多少价值的金矿。不久，天就开始下雨。这可不是什么毛毛细雨，而是一场可怕的倾盆大雨。大家立刻感到十分沮丧。

　　几天之内，这条沉睡的奥里诺科河就变成了暴怒的激流。雷利描述说：

我们的心由于奥里诺科河的暴怒与涨水而变冷啦。

　　没辙啦，雷利不得不回去了。他那发财致富的美梦被击得粉碎。他没能找到埃尔多拉多，甚至都没能接近它。

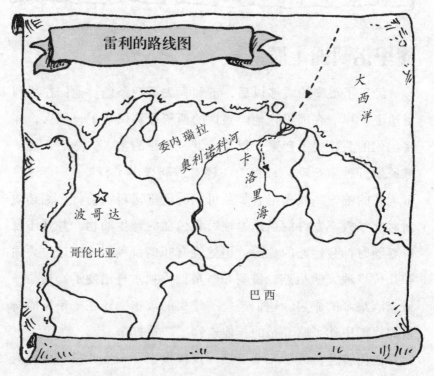

雷利的路线图

大西洋

委内瑞拉

奥利诺科河

卡洛里海

波哥达

哥伦比亚

巴西

　　沮丧的雷利返回了苏格兰——两手空空地回去的。不用说，伊丽莎白女王肯定不会高兴。

重返南美

从那次探险以后，雷利的境况越变越坏。1603年，伊丽莎白女王去世，新国王詹姆斯一世登基，他逮捕了雷利，把他投入伦敦塔内，一关就是14年。

到了1616年，詹姆斯国王突然改变了想法。他把雷利从伦敦塔里释放出来，并命令他再次前往南美，进行最后的努力——继续寻找那座埃尔多拉多城。（这位国王并不是突然变得心慈手软了。实际上，他需要雷利帮他找到黄金宝藏以筹备大量资金。因为政治局势改变了，而且这位工于心计的国王并不希望引起与西班牙的任何麻烦。）

当雷利最终于第二年到达南美时，他得了重病，他的身体太虚弱了，以致无法率领探险队继续前进。所以，他派出了自己的儿子沃特接替他继续寻找埃尔多拉多城，并嘱咐他遵守当地的规定不要惹恼西班牙人。沃特并没有听他父亲的话。他和同伴们袭击了西班牙人，而沃特也因此身亡。

老雷利心灰意冷地返回英国。刚一登陆，他马上又被捕了，并再次被投入到那个伦敦塔中，这次，他终于被砍了头，事实上，他已经尽力了。他与西班牙人和平共处，但国王……太快啦，雷利于1618年10月29日被处决。

至于那座埃尔多拉多城，虽然一批又一批的探险队纷纷前往，但至今都没有哪个人见过它的真面目。

历史回放

1904年，一家英国建筑公司制订了一项搜寻埃尔多拉多城的大胆计划。他们打算从瓜塔维塔湖底挖出一条条通道，排开湖水。他们的努力倒是让湖面下降了一些。但对那些硬得像岩石一样的湖底淤泥却束手无策。当他们把挖湖的工具拔出来以后，湖水很快又充满了。1965年，哥伦比亚政府下令禁止任何对这个传说中的湖泊的探险与挖掘活动。

南美还孕育了世界上最著名的一条河流。下面要提到的这位优雅的法国贵族实在是无比的勇敢，他还对这个世界充满了好奇心。无论你相信与否，他去探险的主要原因并不在于名与利，而是为了投身于科学。你准备好去会会他们了吗？

无畏的拉·康达迈恩

　　这是关于一个生命中充满了疑问的男人的故事。你认为地球的形状像扁扁的土豆还是更像煮熟了的鸡蛋？

冒险家的辛酸往事

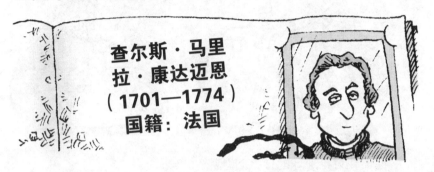

查尔斯·马里拉·康达迈恩
（1701—1774）
国籍：法国

　　年轻的查尔斯出生于富豪家庭。18岁时，他当了兵并参加过战斗。但是他的梦想却是成为一名大地测量学家★。

★ 大地测量学家就是研究地球的大小与形状的科学家。

　　时光飞逝，查尔斯的期待不算太久。18世纪30年代，在巴黎科学院爆发了一场关于地球精确形状的激烈争吵。你想知道人们都提出了哪些猜测吗？下面是两位地理学家的详细回答：

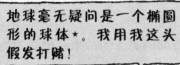

地球毫无疑问是一个椭圆形的球体★。我用我这头假发打赌！

啊呸！瞎扯！地球是一个扁圆的球体★。要是不对，我就吃了我的这头假发！

他们在讨论地球的什么问题呢？

★ 大概地说吧，椭圆的球体大致是圆环状的，而扁圆的球体则是被压扁了的环状的。怎么样，糊涂了吧？你并不比我强多少。顺便说一下，地理学家想要知道地球形状的目的就是便于航海——为了找到从A点到B点更精确的航线，并且防止探险家们迷途。

椭圆的地球

北

南

扁圆的地球

北

南

在弄清地球的形状之前，巴黎科学院派出了两支探险队，一支奔着北冰洋而去，另一支则赶往南美洲。猜猜看，去南美洲那支探险队的领队是谁？当然，他就是杰出的拉·康达迈恩。他于1735年5月从法国起航，带了一大批脾气暴躁的地理学家和他们全套的地球测量仪器。他们出发时，依然在不停地争吵着。一年以后，他们穿过了茂密的热带雨林，到达了位于秘鲁安第斯山高原上的基多城（那里现在叫做厄瓜多尔）。

如果当时已经发明了明信片的话，查尔斯就可能会给家里发出一张这样的卡片。

1736年，秘鲁基多

亲爱的老板：

　　我们终于到达了基多，但也经历了千难万险。在途中，我们遭到了海盗的袭击，还有一个伙伴死于高烧。然而，我们有一个奇妙的新发现，猜猜是什么？橡胶长到了树上★！如果你不相信我，我就给你寄去一些橡胶作为纪念品吧。我已经做了一个非常漂亮的橡胶袋子，可以把我的东西装进去，如果不小心把它掉到地上，它还能防水而且有弹性。

　　　　祝好！

　　　　　　　　　　拉·康达迈恩

法国巴黎
科学院
（收）

　　★ 查尔斯说的没错。橡胶就是由长在南美热带雨林中的橡胶树上流出的乳状液体制成的。当这一新发现的消息传到欧洲时，引起了极大的轰动，不久，橡胶工业就大大地发达兴旺起来了。

把我的橡胶骨头还给我！

查尔斯和他的小队开始了测量与绘制地图的工作。一年又一年过去了，他们终于完成了。但是，就在他们要宣布研究结果时，灾难降临了。那是一封来自巴黎科学院的信。另外一支探险队已经证明：地球是椭圆形的，这就意味着，他们落后了。所以，他们全体打点行装返乡了。付出了艰苦的劳动，却落后于别人了，实在是晦气。

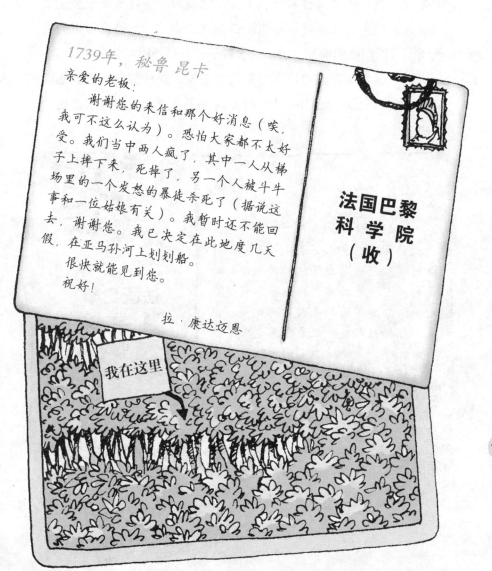

1739年，秘鲁 昆卡

亲爱的老板：

谢谢您的来信和那个好消息（唉，我可不这么认为）。恐怕大家都不太好受。我们当中两人疯了，其中一人从梯子上摔下来，死掉了，另一个人被斗牛场里的一个发怒的暴徒杀死了（据说这事和一位姑娘有关）。我暂时还不能回去，谢谢您。我已决定在此地度几天假，在亚马孙河上划划船。

很快就能见到您。

祝好！

拉·康达迈恩

法国巴黎
科学院
（收）

我在这里

亚马孙河上的冒险

几天的假期过去了。好奇心极强的查尔斯决定沿着可怕的亚马孙河,一直行驶到大西洋,然后再返回家乡。这条航线又长又危险,4个月的旅途使他身陷茂密的丛林中,那里连航标都没有,还有凶恶的美洲短吻鳄鱼以及残暴的食人鱼随时出没。他所行驶的绝大多数路程是乘独木舟或木筏子完成的。一旦木筏子被无情地卷入旋涡中,那就得不停地旋转好几个小时。此外,那里的天气还出奇地闷热而潮湿。成群的大蚊子和马蜂还时常袭击他。

但是,对于我们这位坚强的英雄来说,这些都无所谓。他醉心于观察和记录自己的所见所闻,以至于只顾得上往家里寄去一张明信片。

1743年,亚马孙河

亲爱的老板:

这是个什么地方啊!我的经历真是太神奇啦!我已记录了大量关于这条河流和它的无与伦比的野生动物的资料。河畔的丛林中生长着非常茂密的植物,其间活跃着大量的动物。但是,你知道在整个亚马孙河流中并没有毒蛇吗?奇怪吧,不是吗?我想我只能逮条小草蛇来当宠物玩了。太匆忙了。还有太多的事要做呢。

拉·康达迈恩

法国巴黎
科学院
(收)

历史回放

啊哈！如果你要出没于亚马孙的热带雨林，千万别听查尔斯的胡说八道。这茂密的热带雨林中生活着不少致命的毒蛇呢！所以他说错了，真是大错特错！说起养宠物，实在是养一只中美洲特有的美洲虎都比养蛇安全一些呢。与那些恶心的爬行动物比起来，它只不过是一只大花猫啦。

　　无畏的查尔斯于1745年回到家乡，并且受到了英雄般的欢迎。那是第一次出于科学探索目的而完成的简单的河流探险。对充满好奇心的查尔斯来说，他更是一位自然探索者，而不是河流漂流人。他的笔记本中记满了笔记、地图和绘画，全是关于他所见到的河流、人和野生动物的，而且是地理学家们以前从来没有见过的。

历史回放

　　探险家们常常会面对危险——与他所在的地域有关。

　　德国地理学家亚历山大·沃恩·洪堡（1769—1859）就是一例。1799年，亚历山大出发前往南美洲。他可吃大苦了。

我痛恨用蚂蚁来当茶喝。

　　▶ 在奥里诺科河上的旅行中，他被蚊子叮惨啦。

　　▶ 他的食物没了，不得不以蚂蚁和干可可豆为食，用肮脏的河水洗洗就下肚了。

▶ 他（不可思议！）竟然喝下一些致命的毒药，以观察它是否能使自己生病。（它会致病，但并不足以致命。）

▶ 接着，他抓起一条电鳗把自己给电击了一下。换了你，你能为地理学这样献身吗？

在地球上的任何地方，河流漂流的确吸引不少人蜂拥而至。现在，地理学家们把他们的目光盯住了非洲一些汹涌的大河。他们需要一位志愿者。一旦有机会，这位著名的探险家是绝不会放过的……

失踪了的利文斯敦

要成为一名探险的超级明星并永垂青史可不是件容易的事情，你的一举一动都在公众的注视之下。所以，设想一下，当只有在传奇中才有记载的大卫·利文斯敦消失得无影无踪时引起的巨大轰动吧。

冒险家的辛酸往事

大卫·利文斯敦
（1813—1873）
国籍：苏格兰

年幼的大卫生活很不幸，他家太穷了，他上不起学，在10岁时，他就被迫到工厂里去做工。但在业余时间里，大卫总是在全神贯注地看书，自学科学和地理学。

我知道这些知识总有一天会用到的。

他既是一位杰出的老师，又是一名好学的学生，后来他进了大学并成为一名博士。他还是非常虔诚的教徒。完成学业以后，他就奔赴非洲，到那里传教★。

★ 传教士就是到处旅行并传播他们宗教观念的人。大卫认为，如果他能把基督教信仰传讲给更多的人，他就能帮助那些人生活得更好一些。这管用吗？的确，有些人并不喜欢大卫的方式。而有些人则非常爱听他讲道，因为他的口才实在出众！

丛林探险

但是，大卫很快就迷上了这项充满刺激的活动，而且一去不复返。在30多年里，他来来往往地穿越大陆，涉足于许多前人从来没有到过的地方。他发现了许多河流与湖泊，包括神秘的赞比亚，以前欧洲人从来不知道它的存在。（当然，当地人知道它的存在。）

在大卫的探险生涯中，他大概走了数千千米，而且绝大部分是靠双脚徒步行走的。他经历了可怕的致命的热带疾病的折磨，有一次还遭到了一只凶猛的狮子的攻击，险些丧命。但这依然没能使他放弃。1865年，刚刚结束了一次长途旅行的大卫回到家乡英国，但很快又开始了下一次旅行——重返非洲，开始了又一次伟大的冒险。这次，他的计划是去寻找尼罗河的发源地（就是这条大河开始形成的地方）。

大卫的失踪

也许你会说，对于现在而言，追踪河流的源头实在是件简单的事情，简单得就像你没有做完家庭作业以前，你妈妈不让你看漫画书而把它们都藏起来那么容易。尤其是当人们怀疑哪条河是世界上最长的河流时，寻找它的源头就更容易了。但你错了，大错特错啦。

几百年前尼罗河的源头是地理学上最大的未解之谜之一。通常，河流的源头是大山里的一条小溪，或者是冰川，甚至是湖泊。但是最权威的地理学家们也毫无线索——不知道尼罗河的源头在地球的何处。许多探险队专为寻找尼罗河的源头而探险，但却无功而返。现在，大卫出发去探寻河源了。当时，他是英国最伟大的探险家，他会有所成就的。事情开始得比较顺利……

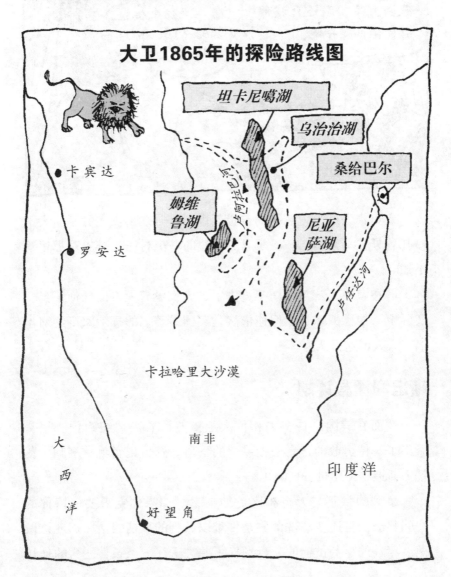

　　1865年8月，大卫扬帆从英国前往非洲大陆。当他到达卢阿拉巴河时，他确信自己至少已经发现了尼罗河的源头。但在他能证明这一发现之前，事情就变糟啦。他的一半队员病的病，死的死，还有溜号的。大卫自己也病倒了。更恶劣的是，有人偷走了他的药箱子。

　　人员损失过半，剩下的也极其虚弱，只剩下皮包骨了。大卫挣扎着赶往乌治治——坦桑尼亚湖边的一个村庄。外界对那里毫不知晓。

　　而在家乡，一年又一年过去了，人们没有大卫的任何消息。实际上，他已失踪了。但他依然是英国最著名的探险家。绝对出名，人人都这么认为。

斯坦利援救计划

　　然而在美国，许多人相信大卫依然活着。《纽约预测报》派出了一位勇敢的记者去搜寻他的下落。这位记者就是亨利·莫顿·斯坦利（1841—1904）。

　　亨利的童年与大卫相比更加不幸。如果你觉得要保持你的房间整洁而且还要洗洗涮涮是件难以做到的事情的话，那就该做做。年幼的亨利被他的父母抛弃了并被送往一家条件恶劣的作坊去做工。然而，他逃跑，奔向大海了。他一直跑到美国，在那里，他先当兵，当水手，然后又得到一份当记者的差事。现在，他动身前往非洲，去寻找失踪已久的大卫，他找到那位无畏的探险家了吗？还是一无所获？亨利把自己的旅行报道发回到那家报社。很走运，《环球日报》也得到了他这条消息，并抢先发表复印件。

环球日报1871年11月11日

东非乌治治
我是如何找到大卫的

作者：亨利·莫顿·斯坦利

那是一个历史性时刻。昨天，在乌治治，我遇到了大卫博士，我无法相信自己的运气。英国最伟大的、健在的探险家——已经失踪多年了，但经过几个月的搜寻，我终于发现了他。

我对大卫博士的搜寻工作开始于今年3月。我决定沿着最新了解到的他曾经行进过的路线走。这是一条十分艰险的道路。我的随从中不少人被疾病击倒了。

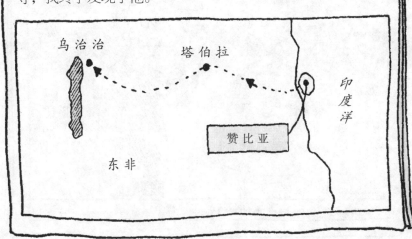

　　我本人也患病，发起了高烧，但是就在此时我得到了一条消息——几天前，有人在乌治治见到过一位年老的、生病的白种人。我的心急促地跳了起来，那肯定是大卫，我这么想，我们立刻马不停蹄地赶往那里。

　　大大出乎我的意料，当我最终与这位英雄面对面时，几乎激动得说不出话来。然而，我被他的外貌震撼了。他看上去极其瘦弱，胡子花白。但是，我非常高兴能见到他，我高兴得要大声欢呼！然而，我还是把握住了，我得检查他一下，我摘下帽子并问道："我猜，您是大卫博士吧？"他带着慈祥的微笑答道："是的。"

　　看来，我的出现真是太及时了。这位博士病得十分瘦弱，他亟需食品和药物。我真的非常乐意帮助他。我还给他讲述了一些家乡的新闻，那可真是把他乐坏啦。他是一个多么杰出的人物啊！心地善良且风度翩翩，他从来没有怨天尤人，也不埋怨自己所经历的苦难。我们一见如故并成为最好的朋友。

亨利遇到了大卫

追索源头

他们两位在一起用几个月的时间考察了附近好几条河流。然后，亨利快速地回了趟伦敦，但大卫拒绝与他一同前往。1872年，大卫再次返回了卢阿拉巴河，继续他的尼罗河源头的探寻工作。真惨，这是大卫最后一次出行。1873年5月1日，他在旅途中去世。他忠实的仆人根据大卫的遗愿把他埋在了非洲。

亲密的伙伴大卫去世以后，亨利又返回非洲，再次从事寻找尼罗河源头的工作。长话短说吧，1874年，他终于解开了这个谜案。那么，传奇般的大卫一直是正确的吗？

历史回放

我想恐怕不是吧。尼罗河的源头是维多利亚湖上的那个名叫瑞波的瀑布。而且，令人恼火的是，这是被英国探险家约翰·汗宁·斯皮克（1827—1864）在12年前发现的。亨利只是简单地验证了而已。那么，卢阿拉巴河的源头呢？它与尼罗河没有任何关系。是的，它流入了另一条河——神秘的刚果河。

我认为我们正在追寻着一条河，但那是一张过时的地图啦！

所以亨利成为一个真正著名的探险家（虽然有些人认为他的名气远远不够大）。他是第一位探寻刚果河（现在也称为扎伊尔河）的人，并且一直从陆地追到了它的入海处，虽然他险些被一些食人的野蛮人给吃掉。他并不是唯一能逃脱这种厄运的探险家……

惊愕的玛丽

这是一个关于勇敢的女性的故事。在那个时期，一位受尊敬的姑娘应该是待在家中操持家务的，而玛丽则乘船去了非洲，到那里去捕鱼。

冒险家的辛酸往事

玛丽·金斯科
（1862—1900）
国籍：英国

玛丽没能去学校读书，她一直忙于家务，照看她那可怜的妈妈和生病的弟弟。因为，她的爸爸已出远门了。玛丽30岁时，她的父母相继过世。突然之间，玛丽获得了自由（此刻她的弟弟突然匆匆忙忙地出门旅行了）。朋友们给了她一些有益的建议。到欧洲观光旅行啦？那是女士们喜欢的事情。或者是到海边去度假？但勇敢的玛丽有别的打算。她决定去非洲，到那里去探险（这可把她的朋友们吓坏啦）。

玛丽令人敬佩的非洲冒险之旅

　　1893年，玛丽在非洲待了整整一年。但那仅仅是开始。玛丽的双脚一直没有停下来过，第二年又开始了她的旅行。这次，她的宏大目标是——鱼。是的，鱼儿。设在伦敦的英国博物馆请玛丽弄来一些罕见的非洲鱼类标本。而麻烦的事在于，要到达这些罕见的鱼所生活的河流真是太危险了。为什么呢？一些十分不友善的当地原住民生活在热带雨林中，而且就在这些河流附近！更令人胆寒的是，这些原住民就是"吃生肉的人"。玛丽害怕了吗？恰恰相反，她义无反顾地于1894年12月出发了，再次起航，驶向非洲。

　　一年之后，玛丽回到了英国。我们派出了《环球日报》记者对她的艰辛旅行进行了连续采访。

哦，好的，你有什么收获吗？

第一次旅行，我是乘蒸汽船去的，非常舒服。但全程就不能靠它啦，我不得不改用独木舟。这种小舟很容易翻的。噢，河里还有鳄鱼呢！我用木桨击中了一条鳄鱼的鼻子，告诉它，谁是这里的主人！

我信。你所到过的最奇怪的地方是哪儿？

那是一个叫依弗瓦的吃生肉的人住的村庄。人们认为我去那里是发疯了。那里是原住民的居住地，你看，我挺容易就到了那里。我给了他们一些衣物和鱼钩，而且他们对我很友好，可能他们当时还不饥饿吧。我会变成他们煮熟的鸡腿吗，亲爱的？

吃生肉的人？我想是挺有意思的。你遇到的最糟糕的是什么？

呃，让我想想。一天，我闻到从我小屋里的一个袋子中窜出一股特别浓烈的臭味。那是一种特别恶心的臭鱼味（我对这种味道挺熟悉的）。什么味啊！我把那口袋给倒空了，啊！你绝对想不到里面装的是什么。——一只人手和被肢解的脚趾头和耳朵。（还都特别新鲜呢！）你能想象得到吗，亲爱的？我的脸都吓绿啦。据说吃生肉的人们喜欢把他们吃剩下的人的一些碎块保存下来，作为一种纪念品。有意思吗？

天哪！你带了哪些行装？

对旅行而言，我喜欢穿白色的意大利外套和黑裙子，上面有几个大口袋，好装小刀子、笔记本、罗盘，当然啦，还有一块挺好的手帕。

在我的裙子下面，我还套上了一条我弟弟穿的旧裤子，当我蹚过沼泽地时，它能有效地防止蚂蟥钻进来，噢，我还装了一把小左轮手枪（虽然我从来没用过），还有一些小渔网和瓶子，用来捕捉那些鱼的。

这条长裙子碍事吗？

噢，不，亲爱的，事实上，恰恰相反，我的长裙曾经救过我的命呢。你看，有一次我落入一个陷阱中（那是用来捕捉动物的），被尖锐的钩子挂住了。很幸运，我的裙子帮了我，才没有被严重划伤。如果当时我穿的是裤子的话，那可就没救啦。所以，我得感谢我这条幸运的裙子，是它才让我活到现在。

当你不旅行时，准备干些什么呢？

我将写本关于我在非洲旅行的书。我想应该起名为
《西非之旅》，这是个挺抢眼的书名吧，你认为
呢？我还会发表一些讲演，听众是那些学习地理社
会学的人。那可是一件更需要勇气的活儿啊。

你带回什么旅行的纪念品了吗？

确切地讲，也没有什么纪念品。但是，我带
回了65种全新种类的鱼标本，实际上，其中
的3种是以我的名字命名的，所以我非常高
兴。噢，我还带回了几只小虫子——要比我们
当地任何一种虫子的个头儿都大，你想看看
吗？它们都挺漂亮的。

哦，不用啦，谢啦！留着当个纪念吧。那么，你下一
次旅行要去哪儿？

还要回到西非去，我喜欢那里。越快
越好，那里的大海与河流中还有许多
鱼等我去捕捉呢。好啦，亲爱的，再
来杯茶如何？

但是，玛丽并不是历史上唯一一位成为勇敢的探险家的女性。许多无畏的妇女也愿意离开那令她们厌烦的家，出门远足。

更多的女性漂流探险家

伊莎贝拉·戈丁（1729—1792）
嫁给了一位法国探险家吉恩·戈丁。
1749年，吉恩与伊莎贝拉决定回法国的家乡。吉恩打算到亚马孙河考察一下他们回家的河流漂流路线。但他一去不复返。伊莎贝拉放弃了在家的苦等，离家去寻找丈夫。那是一次可怕的旅行。危险一个接一个，伊莎贝拉的同伴们不断地死去，最后，只剩下了伊莎贝拉自己。她陷入了孤独的困境，饥饿使她险些死掉。令人不可思议的是她坚强地活了下来，而且她与吉恩再度重逢……那可是整整20年后的事情了！

亚历山德丽娜·廷尼（1835—1869）
是位勇敢而略有些偏执的女性——她天生就是当探险家的料。1861年，她乘一条小船去尼罗河探险，同行的还有她的妈妈和几位姨妈。她还请了500位当地向导，外加一支毛驴队和65名士兵。很不幸，她的妈妈和姨妈们相继去世了，但亚历山德丽娜却深深地被非洲吸引住了。1869年，她试

图成为世界上第一位穿越撒哈拉大沙漠的女性，但却死于那些当地人之手。

*弗洛伦斯·贝克（1841—1916）*是英国探险家塞缪尔·贝克的妻子。他们的经历十分奇特。贝克是在匈牙利的奴隶市场上遇到弗洛伦斯的，并对她一见钟情。从此两人再也没有分开。1861年，他们一起出发去非洲，去探寻尼罗河的源头。那是段艰苦的日子。虽然天气炎热，蚊子成群，还充满危险，但弗洛伦斯却从不抱怨，即使每晚只能吃粗硬的河马肉，就

着香槟就对付一顿，他们也都挺过去了。（当然，他们没能找到尼罗河的源头，却意外地发现了以前欧洲人从没有见到过的阿尔伯特湖和巨大的卡巴来卡瀑布。）

地球上最高的山峰你已经攀过了，波涛汹涌的大海你也航行过了，甚至你还勇敢地面对了刺骨冰冷的极地严寒，并与世界上最伟大的探险家们一起经历了大河漂流之险。至此，你不得不承认，这可不是件容易的事。下面，有一个难题：为什么世界上会有这么多的人依然甘愿冒着随时丧命的危险，承受着想家的痛苦，甚至死亡的威胁而永无休止地去探险呢？你知道为什么吗？下一章，我们要讲的是关于现代探险家们的故事。在他们出发之前，我们得赶快追上去。

勇敢的现代探险家

迈尔斯

现代探险家们对探险活动依然格外痴迷，就像研究地理和科学那样兴趣未减。而且，他们也更加懂得尊重自然的发展规律。在全球范围内，由于人类对自然资源的需求与日俱增，人们在过度开采石油和树木的同时，大量的原始森林和人类的居住地被无情毁坏。许多现代探险家正在致力于保护地球生态环境的研究，尽可能地在它们遭到毁灭之前，挽救生活在那里的动植物，还有人类。

依然有不少人正在整装待发准备去探险。真的要感谢这些无畏的现代探险家，他们让我们知道了那令人畏惧的海洋到底有多深， 而那让人恐怖的高山到底有多高。如今，地图上绝大多数的空白都已经被他们填补上了。

与以前的探险家们不同，现代的探险家用丰富的现代化知识来武装自己，比如用无线电话来保持联络，用卫星来导航等等。与前人相比，他们的确幸运多了。但是，探索无人区等类似的活动依然是要冒极大的风险的，你能想象他们会遭遇哪些不幸吗？查看一下现代探险家们令人吃惊的英勇业绩吧，我们可以在每年一度的全球勇敢的探险家奖中找到他们的名字。

勇敢的现代探险家

《环球日报》邀请读者们选出他们心目中最棒的现代探险家。而获胜者的得票非常接近。下面是迈尔斯宣布的结果。

有史以来最漫长的旅行

亚军获得者英国探险家瓦里·赫伯特（1934—　），他于1968年完成了一次勇敢的旅行。他与三位同伴和一只狗组成小队，从阿拉斯加出发，行程5820千米，穿过北冰洋到达挪威的斯匹次卑尔根群岛，穿越了北极。这是一次行程最长的雪橇旅行，费时476天。一路上，他们并不轻松。他们不仅遭到了凶猛的北极熊的攻击，而且，每天厚厚的冰层随时都有可能裂开，把他们甩到冰冷的海水中去。

那么，冠军是······

1979—1982年间，英国探险家拉努弗·菲尼斯（1944—　）率领着一支勇敢的探险队从南极出发到北冰洋，两地之间的距离超过了12 000千米。多么伟大的壮举！勇敢的拉努弗还考察了尼罗河，并发现了位于阿拉伯的一座消失了的沙漠城市。在完成了到达极地的一次旅行之后，他切掉了自己好几个被冻坏了的手指。在旅途中他最想要的是什么？一个舒服的热水浴和香甜可口的巧克力。祝贺你，拉努弗，一位名不虚传的冠军。

最幸运的生存者

亚军是美国的埃利克·汉森（1948— ），他曾冒生命危险到世界各地去游历。有一次，他因船只失事而流落到一个荒凉的海岛上。20世纪80年代，勇敢的埃利克在亚洲加里曼丹的热带雨林中待了好几个月，当时他只带了一个床垫，一套换洗的衣服和一些可以交换的物品。他所访问过的绝大多数地方都属于地图上标注的"未知地区"。他以步行或划独木舟的方式完成了近4000千米的行程。一些原住民误认为他是夺命的吸血鬼，他的麻烦就来了，别无选择，埃利克只好落荒而逃。

而冠军是……

1947年，挪威人托尔·赫尔达（1941—2002）完成了一次史诗般的远航，他从秘鲁的卡亚俄起航到达南太平洋上的土阿莫土群岛，行程达7000千米……他乘坐的是一种称为"康提克"的由轻且坚固的美洲热带树木制成的木筏。托尔试图证明这座群岛上的最早居民来自南美洲，而不是像专家认为的那样来自亚洲。托尔与他的船员们花了101天时间，穿过了惊涛骇浪、时有鲨鱼出没的水域，终于到达了一座珊瑚礁。这对于一位有恐水症的人来说，的确是一次辉煌的胜利。

最勇敢的探险家

亚军是20世纪40年代，英国探险家威尔福雷德·塞斯格（1910— ）。他骑着骆驼两次穿越了阿拉伯大沙漠的不毛之地。这个可怕的大沙漠空空旷旷的，方圆几千米都见不到一点儿人烟，除了大沙丘就是沙海，一个接一个。威尔福雷德险些渴死，他接连几天都没有吃过任何东西。他曾与当地人一起生活了5年，学习他们在沙漠里的生存知识。他算得上是顶级的探险家了吧？长时间不喝水，骆驼也会死掉的。绝佳的建议！

麦斯纳尔

冠军是……

意大利人任户德·麦斯纳尔（1944— ）可以算是最伟大的现代登山家。1970年至1986年之间，他成为世界上第一位登上地球上14座最高峰的人（这些山峰的海拔高度全在8000米以上）。作为一名顶级的登山家，他还是第一位不用氧气瓶，独立（不用绳索或向导）登上珠穆朗玛峰的人，而且他还步行走到了南极，干得漂亮，麦斯纳尔！

185

历史回放

　　如果以行动果断的名义颁发奖章的话，你肯定不会颁错了奖的。1960年1月23日，杰克斯·皮卡迪博士与美国海军上尉当·华莱士在太平洋的马里亚纳海沟乘潜艇下潜1.1万米，到达了海洋的最深处！他们冒着生命危险在一艘微型潜艇中成功地完成了这一壮举，这艘潜艇就是"特立斯特"号。这次下潜共花费了4小时48分钟，他们顺利触到了海床。你要知道，"特立斯特"号随时都有可能因海水的压力过大而破裂。

我们已潜到可怕的海底了！

　　但这次下潜是很值得的。当他们打开深海潜望灯时，他们看到了一个以前从来没有人看到过的世界——最幽深、最黑暗的大洋洋底世界。一条鬼怪似的白色扁平鱼紧紧地盯着他们。他们在海底足足待了8个半小时，这项下潜纪录迄今没有被打破过。这可谓是最伟大的一次海洋探险壮举。

迎接人类探险的新时代

你还愿意成为一名探险家吗？现在，我们有先进的交通工具，你随时可以搭乘飞机、火车或汽车到达你想去的任何地方，又快又便捷。在某种意义上说，地球变小了。但世界上依然有许多未知的地方等着你去探索。

或许，你会幻想着你也能获得这些探险家的荣誉，那么，你必须登上世界上7座最高的山峰，到过北极和南极。这可需要十足的勇气啊！目前，世界上只有4个人实现了这一目标。或者，你可以奔向丛林，在那里找到某种生长在热带雨林的奇花异草，用它来治病救人。现代药物中大约有四分之一来自热带雨林的植物。

正在你试图作出决定之际，请记住一件事：做一名探险家可能是艰辛的，你要克服身体劳累、环境的险恶，甚至会陷入危险的困境。但这也是极为刺激而有趣的。你从来不会知道下一步等着你的是什么，尤其是在没有地图的情况下，而这就是探险的真谛所在！

全球探险活动大事年表

古代时期

公元前 1500　　公元前 1250　　公元前 1000　　公元前 750　　公元前 500

a) 公元前1492年，哈特谢普苏特女王（埃及）

公元前1000年，玻利尼西亚人开始考察太平洋

b) 公元前470年，汉诺（古代）腓尼基人（迦太基）公元前600年，法老尼科一世的船队沿着非洲大陆航行

c) 公元前4世纪皮皮西亚斯（古希腊）

a) 目的地：蓬特

派出由5艘船和250名水手组成的船队，从非洲海岸驶向蓬特陆地，那是一次轰动的购物之旅。

我可不希望这是半天工夫就能到达目的地的短途旅程！

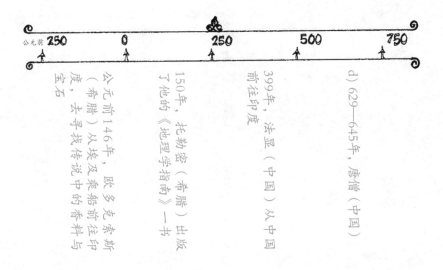

公元前250　0　250　500　750

d) 629—645年，唐僧（中国）前往印度

399年，法显（中国）从中国前往印度

150年，托勒密（希腊）出版了他的《地理学指南》一书

公元前146年，欧多克索斯（希腊）从埃及乘船前往印度，去寻找传说中的香料与宝石

b) 目的地：西非

沿着非洲大陆海岸线行驶，目的是寻找新的居住地。在那次旅行中，他们看到了许多奇怪的野生动物，包括猿类。

c) 目的地：英国/冰岛

向北航行，远至冰岛，并见识了冰封的海域。但非常可惜，没有人相信他的旅行报告。

d) 目的地：印度

从中国出发去访问印度众多的佛教圣地，经历了匪徒抢劫与大沙漠的酷暑，顽强地挺了过来。

这种猴子是干什么的？

我应该再带几双厚点的袜子才对！

这可不是什么沙漠的地图，这是一片砂纸！

中世纪

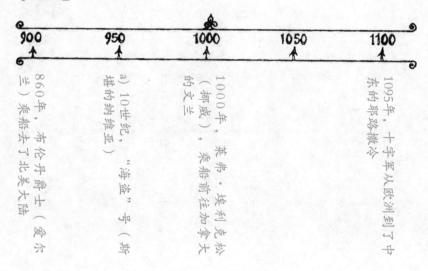

860年，布怡丹爵士（爱尔兰）乘船去了北美大陆

a) 10世纪，"海盗"号（斯堪的纳维亚）

1000年，莱弗·埃利克松（挪威），乘船前往加拿大的文兰

1095年，十字军从欧洲到了中东的耶路撒冷

a) 目的地：格陵兰/冰岛

　　由于家中太拥挤了，所以离家出走，他预想格陵兰是一块绿草如茵的可以移民的好地方。

也许，我们能把这片雪原涂成绿色的？

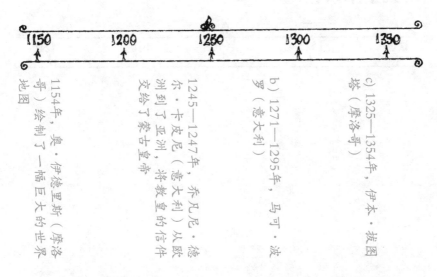

1150　　1200　　1250　　1300　　1350

c) 1325—1354年，伊本·拔图塔（摩洛哥）

b) 1271—1295年，马可·波罗（意大利）

1245—1247年，乔凡尼·德尔·卡皮尼（意大利）从欧洲到了亚洲，将教皇的信件交给了蒙古皇帝

1154年，奥·伊德里斯（摩洛哥）绘制了一幅巨大的世界地图

b) 目的地：中国

　　沿着古老的"丝绸之路"来到了中国，在中国待了17年，作为一位来自远方的大使为忽必烈工作。

c) 目的地：中东/撒哈拉大沙漠

　　旅途花了30年，行程1.2万千米，在此期间访问了圣城伊斯兰堡。途中全靠步行、骑骆驼、乘船和划独木舟。

十五至十六世纪

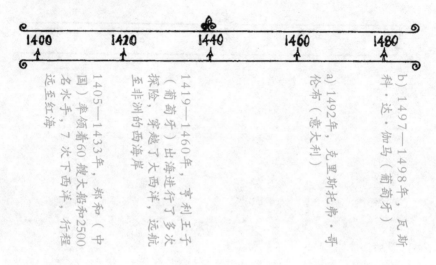

1400　1420　1440　1460　1480

1405—1433年，郑和（中国）率领着60艘大船和2500名水手，7次下西洋，行程远至红海。

1419—1460年，亨利王子（葡萄牙）出海进行了多次探险，穿越了大西洋，远航至非洲的西海岸。

a) 1492年，克里斯托弗·哥伦布（意大利）

b) 1497—1498年，瓦斯科·达·伽马（葡萄牙）

a) 目的地：北/南美洲

　　这是欧洲人第一次发现美洲大陆（虽然"海盗"号可能曾早于他到达过那里）。但他认为所到的却是亚洲。

倒霉，我真该带上一张地图！

b) 目的地：印度

　　第一位航海到达印度的欧洲人，打开了一条全新的、从欧洲通向亚洲的海上航线。

我可不认为在欧洲也能吃到咖喱粉！

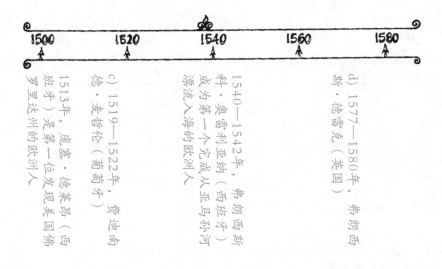

d) 1577—1580年，弗朗西斯·德雷克（英国）

1540—1542年，弗朗西斯科·奥雷利亚纳（西班牙）成为第一个完成从亚马孙河漂流入海的欧洲人

c) 1519—1522年，费迪南德·麦哲伦（葡萄牙）

1513年，庞塞·德莱昂（西班牙）是第一位发现美国佛罗里达州的欧洲人

c) 目的地：环游世界

　　第一次率领探险队乘船环游世界但却不幸死于一场战争，再没能回到家乡。

d) 目的地：环游世界

　　第二次率领探险队乘船环游世界。途中，抢劫了一支西班牙商船队，之后发了大财。

十七至十八世纪

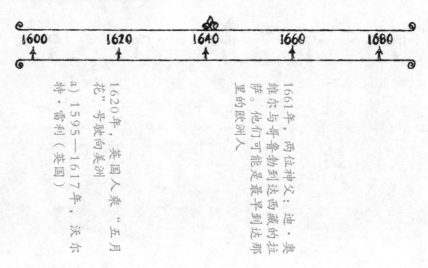

1661年，两位神父：迪·奥维尔与哥鲁勃到达西藏的拉萨。他们可能是最早到达那里的欧洲人。

1620年，英国人乘"五月花"号驶向美洲

a) 1595—1617年，沃尔特·雷利（英国）

a) 目的地：南美洲

试图去寻找传说中盛产黄金的城市埃尔多拉多。但却空手而归，他因此付出了被砍头的代价。

b) 目的地：亚马孙河

乘船去南美洲以测量地球的形状。乘船在亚马孙河上，遭到了食人鱼的攻击。

我觉得我回到英国时，什么也没捞着！

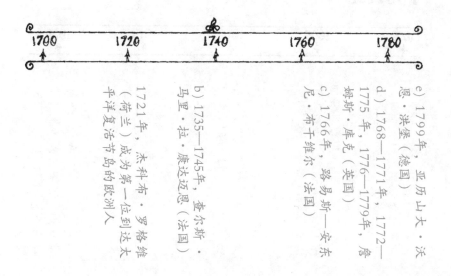

e) 1799年，亚历山大·沃恩·洪堡（德国）

d) 1768—1771年，1772—1775年，1776—1779年，詹姆斯·库克（英国）

c) 1766年，路易斯—安东尼·布干维尔（法国）

b) 1735—1745年，查尔斯·马里·拉·康达远恩（法国）

1721年，杰科布·罗格维（荷兰）成为第一位到达太平洋复活节岛的欧洲人

c) 目的地：南太平洋

率领着第一支探险队航行全球。采集到了欧洲人以前从未见过的数百件植物与动物标本。

d) 目的地：南太平洋/南方海域

三次率领探险队对南太平洋和南方海域进行海上探险。第一位穿越南极圈，并围绕南极航行的人，但却误认为南极并不存在。

e) 目的地：南美洲

在南美洲旅行多年，经受了大量的自然界考验，包括被电鳗击伤和饮用了致命的毒药。

195

十九世纪

1800　1805　1810　1815　1820

1823年，詹姆斯·威德尔（美国）穿过南极圈并考察了威德尔海

b）1815年，约翰·布尔克哈特（瑞士）

a）1809—1811年，托马斯·曼宁（英国）

1806年，蒙戈·帕克（英国）率一支探险队到达非洲的尼日尔河

1804—1806年，刘易斯与克拉克（美国）沿着密苏里河穿过美洲到达太平洋

a) 目的地：中国西藏拉萨

是第一位访问拉萨这座位于西藏的封闭城市的欧洲人，虽然他恨透了这次旅行。

b) 目的地：约旦佩特拉

重新发现了位于约旦境内的消失已久的佩特拉城。实际上，此行真正的目的是考察尼罗河。

1825　1830　1835　1840　1845

e) 1845年，约翰·富兰克林（英国）

d) 1841—1873年，大卫·利文斯敦（苏格兰）

c) 1838年，亨利埃特·安哥维尔（法国）

1831—1836年，查尔斯·达尔文（英国）乘船去南美洲和澳大利亚比格尔湾的加拉帕戈斯群岛

1827—1828年，勒内·卡耶（法国）成为第一位穿越撒哈拉大沙漠的欧洲人

c) 目的地：蒙布朗峰

第一位登上欧洲最高峰蒙布朗峰的妇女。虽然在当时登山并不适合女性。

d) 目的地：非洲

在非洲从事了好几年考察探险工作，发现了一些新的河流与湖泊。在前往寻找尼罗河源头的途中失踪，后来被斯坦利发现。成为轰动一时的新闻。

e) 目的地：西北大通道

出海去寻找能够穿越被冰封的北方海域的新的海上通商航线，但失踪了。

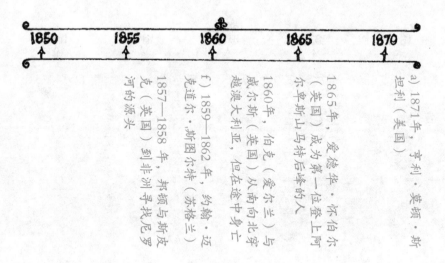

1850　1855　1860　1865　1870

a) 1871年，亨利·莫顿·斯坦利（美国）

1865年，爱德华·怀伯尔（英国）成为第一位登上匈牙尔卓斯山马特后峰的人

1860年，伯克（爱尔兰）与威尔斯（英国）从南向北穿越澳大利亚，但在途中身亡

f) 1859—1862年，约翰·迈克道尔·斯图尔特（苏格兰）

1857—1858年，邦顿与斯皮克（英国）到非洲寻找尼罗河的源头

f) 目的地：澳大利亚

率领三支探险队试图完成从阿德莱德到达尔文港的穿越澳大利亚的壮举。这是他第三次交上好运，但很可惜他的健康受到了严重的损害。

g) 目的地：非洲

作为一名记者，被派往非洲去寻找失踪已久的利文斯敦，成为第一位在刚果河（扎伊尔河）上航行的外籍人士。

我很虚弱，快撑不下去啦。

哎！利文斯敦博士你在哪儿！

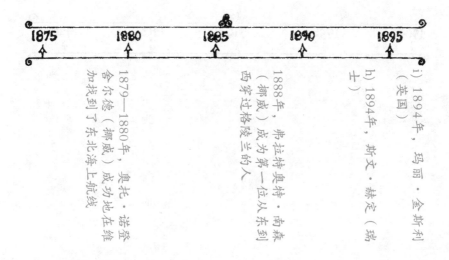

i) 1894年，玛丽·金斯利（英国）

h) 1894年，斯文·赫定（瑞士）

1888年，弗拉特奥特·南森（挪威）成为第一位从东到西穿过格陵兰的人

1879—1880年，奥托·诺登舍尔德（挪威）成功地在维加找到了东北海上航线

h) 目的地：中国塔克拉玛干大沙漠

即使当地人称"塔克拉玛干大沙漠"为"死亡之海"，但赫定还是勇敢地穿越了这可怕的死亡之地。

i) 目的地：非洲

在非洲度过了好几年，目的是寻找稀有的河流鱼类。在一个当地原住民村庄生活并在她自己的茅草屋中发现了一大包人的肢体。

二十世纪

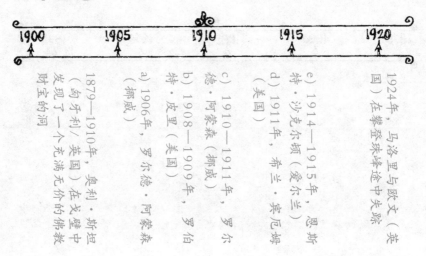

1900　1905　1910　1915　1920

1924年，马洛里与欧文（英国）在攀登珠峰途中失踪

e) 1914—1915年，恩斯特·沙克尔顿（爱尔兰）

d) 1911年，希兰·宾厄姆（美国）

c) 1910—1911年，罗尔德·阿蒙森（挪威）

b) 1908—1909年，罗伯特·皮里（美国）

a) 1906年，罗尔德·阿蒙森（挪威）

1879—1910年，奥利·斯坦（匈牙利/英国）在发掘中发现了一个充满无价的佛教财宝的洞

a) 目的地：西北海上大通道

第一位用小船（"吉拉"号）航行穿过西北海上大通道的人。

b) 目的地：北极

第一位到达北极极点的人，虽然漂流探险家弗雷德里克·库克曾扬言自己是第一个到达北极的人。

c) 目的地：南极

第一位到达南极极点……并活着回来的人。一次有着杰出计划的探险旅程。

灵活的小船，刺骨的严寒天气！

难道这是我的鞋吗？

我是第一

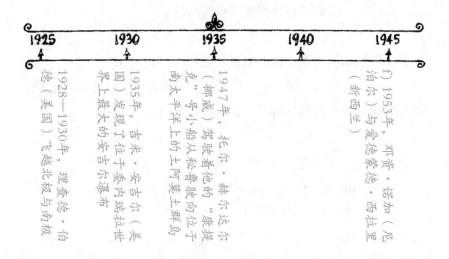

1925　　1930　　1935　　1940　　1945

f) 1953年，邓肯·诺加（尼泊尔）与爱德蒙·西拉里（新西兰）

1947年，托尔·赫尔达尔（挪威）驾驶着他的"康提克"号小船从秘鲁驶向位于南太平洋上的土阿莫土群岛

1935年，吉米·安吉尔（美国）发现了位于委内瑞拉世界上最大的安吉尔瀑布

1928—1930年，理查德·伯德（美国）飞越北极与南极

d) 目的地：秘鲁比储

发现了消失了好几个世纪的秘鲁马出·比储的印加古城。

e) 目的地：南极洲

试图穿越南极，但不幸的是他的船撞上了冰山。他与他的船员获救，在整个过程中，他们饱受惊吓。

f) 目的地：珠穆朗玛峰

第一位登上位于尼泊尔与中国西藏交界处的世界最高峰珠穆朗玛峰的人。

失踪与发现

我觉得下次我该去热一点儿的地方探险才对。

地球之巅！

如果你有兴趣了解一些关于怎样成为一名无畏的探险家的相关知识的话。我们可以给你提供一些网址：

www.rgs.org ——"皇家地理学会"网址。可以在"探险指导中心"了解如何计划你自已的勇敢探险。

www.explorers.org —— 设在美国纽约的"权威性探险家俱乐部"的网址。在这里你可获得最新的探险信息与地图。

www.stan ford s.co.uk —— 一个棒极了的网上店铺，出售地图与旅行指南，这样你就不会迷路啦。

www.bses.ory.uk ——"英国学校探险学会"网址。该学会为年轻人提供参加环球探险的机会。

www. theyet. org ——"年轻探险家组织"网址。可以为学校提供培训课程、设备支持与建设，以及详细的探险计划等相关服务项目。

"经典科学" 系列（26册）

肚子里的恶心事儿
丑陋的虫子
显微镜下的怪物
动物惊奇
植物的咒语
臭屁的大脑
神奇的肢体碎片
身体使用手册
杀人疾病全记录
进化之谜
时间揭秘
触电惊魂
力的惊险故事
声音的魔力
神秘莫测的光
能量怪物
化学也疯狂
受苦受难的科学家
改变世界的科学实验
魔鬼头脑训练营
"末日"来临
鏖战飞行
目瞪口呆话发明
动物的狩猎绝招
恐怖的实验
致命毒药

"经典数学" 系列（12册）

要命的数学
特别要命的数学
绝望的分数
你真的会＋－×÷吗
数字——破解万物的钥匙
逃不出的怪圈——圆和其他图形
寻找你的幸运星——概率的秘密
测来测去——长度、面积和体积
数学头脑训练营
玩转几何
代数任我行
超级公式

"科学新知" 系列（17册）

破案术大全
墓室里的秘密
密码全攻略
外星人的疯狂旅行
魔术全揭秘
超级建筑
超能电脑
电影特技魔法秀
街上流行机器人
美妙的电影
我为音乐狂
巧克力秘闻
神奇的互联网
太空旅行记
消逝的恐龙
艺术家的魔法秀
不为人知的奥运故事

"自然探秘" 系列（12册）

惊险南北极
地震了！快跑！
发威的火山
愤怒的河流
绝顶探险
杀人风暴
死亡沙漠
无情的海洋
雨林深处
勇敢者大冒险
鬼怪之湖
荒野之岛

"体验课堂" 系列（4册）

体验丛林
体验沙漠
体验鲨鱼
体验宇宙

"中国特辑" 系列（1册）

谁来拯救地球